영재학급, 영재교육원, 경시대회 준비를 위한

창의사고력
초등수학

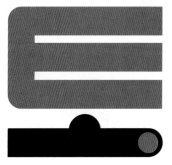

Lv. 2
응용 C

연산 · 공간 · 논리추론

머리말

"

서로 다른 펜토미노 조각 퍼즐을 맞추어
직사각형 모양을 만들어 본 경험이 있는지요?

한참을 고민하여 스스로 완성한 후 느끼는 행복은 꼭 말로 표현하지 않아도 알겠지요.
퍼즐 놀이를 했을 뿐인데, 여러분은 펜토미노 12조각을 어느 사이에 모두 외워버리게
된답니다. 또 보도블록을 보면서 조각 맞추기를 하고, 화장실 바닥과 벽면의 조각들을
보면서 멋진 퍼즐을 스스로 만들기도 한답니다.
이 과정에서 공간에 대한 감각과 또 다른 퍼즐 문제, 도형 맞추기, 도형 나누기에 대한
자신감도 생기게 되지요. 완성했다는 행복감보다 더 큰 자신감과 수학에 대한 흥미가
생기게 되는 것입니다.

팩토가 만드는 창의사고력 수학은 바로 이런 것입니다.

수학 문제를 한 문제 풀었을 뿐인데, 그 결과는 기대 이상으로 여러분을 행복하게
해줍니다. 학교에서도 친구들과 다른 멋진 방법으로 문제를 해결할 수 있고, 중학생이
되어서는 더 큰 꿈을 이루는 밑거름이 되어 줄 것입니다.
물론 고민하고, 시행착오를 반복하는 것은 퍼즐을 맞추는 것과 같이 여러분들의
몫입니다. 팩토는 여러분에게 생각할 수 있는 기회를 주고, 그 과정에서 포기하지
않도록 여러분들을 도와주는 친구가 되어줄 것입니다.
자 그럼 시작해 볼까요?

"

Contents

구성과 특징

📖 **팩토를 공부하기 前 » 진단평가**

진단평가
바로가기

유치부 진단평가	초등1 진단평가	초등2 진단평가	초등3 진단평가	초등4 진단평가	초등5 진단평가	초등6 진단평가
다운로드	다운로드	다운로드	다운로드	다운로드	다운로드	다운로드

1️⃣ 매스티안 홈페이지 www.mathtian.com의 교재 자료실에서 해당 학년
의 진단평가 시험지와 정답지를 다운로드 하여 출력한 후 정해진 시간
안에 풀어 봅니다.

2️⃣ 학부모님 또는 선생님이 정답지를 참고하여 채점하고 채점한 결과를
홈페이지에 입력한 후 팩토 교재 추천을 받습니다.

📖 **팩토를 공부하는 방법**

① 대표 유형 익히기

대표 유형 문제를 해결하는 사고의 흐름
을 단계별로 전개하였고, 반복 수행을
통해 효과적으로 유형을 습득할 수 있습
니다.

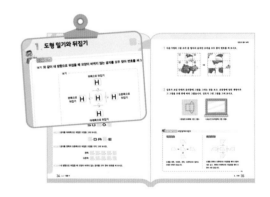

② 실력 키우기

유형별 학습이 가장 놓치기 쉬운 주제
통합형 문제를 수록하여 내실 있는 마
무리 학습을 할 수 있습니다.

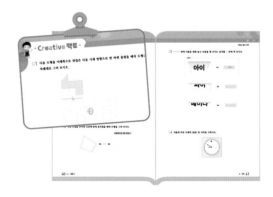

③ 경시대회 대비

각 주제의 대표적인 경시대회 대비, 심화 문제를 담았습니다.

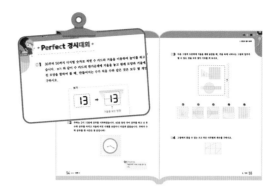

④ 영재교육원 대비

영재교육원 선발 문제인 영재성 검사를 경험할 수 있는 개방형 · 다답형 문제를 담았습니다.

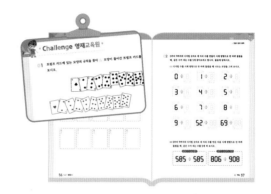

⑤ 명확한 정답 & 친절한 풀이

채점하기 편하게 직관적으로 정답을 구성하였고, 틀린 문제를 이해하거나 다양한 접근을 할 수 있도록 친절하게 풀이를 담았습니다.

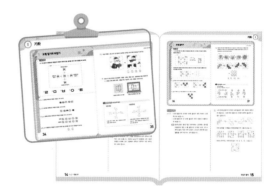

📖 팩토를 공부하고 난 後 » 형성평가 · 총괄평가

1 팩토 교재의 부록으로 제공된 형성평가와 총괄평가를 정해진 시간 안에 풀어 봅니다.

2 학부모님 또는 선생님이 정답지를 참고하여 채점하고 채점한 결과를 매스티안 홈페이지 www.mathtian.com에 입력한 후 학습 성취도와 다음에 공부할 팩토 교재 추천을 받습니다.

I

연 산

✔ 학습 Planner

계획한 대로 공부한 날은 😃 에, 공부하지 못한 날은 😦 에 ○표 하세요.

공부할 내용	공부할 날짜		확 인	
1 식 완성하기	월	일	😃	😦
2 가장 큰 값, 가장 작은 값	월	일	😃	😦
3 벌레 먹은 셈	월	일	😃	😦
Creative 팩토	월	일	😃	😦
4 복면산	월	일	😃	😦
5 도형이 나타내는 수	월	일	😃	😦
6 연산 기호 넣기	월	일	😃	😦
Creative 팩토	월	일	😃	😦
Perfect 경시대회	월	일	😃	😦
Challenge 영재교육원	월	일	😃	😦

1. 식 완성하기

주어진 수 카드를 모두 사용하여 2가지 방법으로 퍼즐을 완성해 보시오.  온라인 활동지

$$\boxed{1}\ \boxed{2}\ \boxed{3}\ \boxed{4}\ \boxed{6}\ \boxed{7}$$

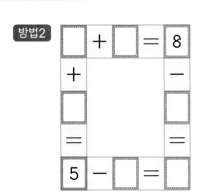

방법1

	$+$		$=$	8
$+$				$-$
$=$				$=$
5	$-$		$=$	

방법2

	$+$		$=$	8
$+$				$-$
$=$				$=$
5	$-$		$=$	

STEP 1 주어진 수 카드를 이용하여 두 수의 합이 8과 5인 경우를 만들어 보시오.

　　　　　　　　〈합이 8인 경우〉　　　　　　〈합이 5인 경우〉

방법1　$\boxed{} + \boxed{} = 8$　　$\boxed{} + \boxed{} = 5$

방법2　$\boxed{} + \boxed{} = 8$　　$\boxed{} + \boxed{} = 5$

STEP 2 STEP 1을 이용하여 █ 카드에 알맞은 수를 써넣으시오

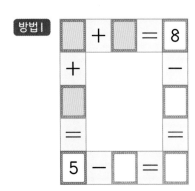

방법1

	$+$		$=$	8
$+$				$-$
$=$				$=$
5	$-$		$=$	

방법2

	$+$		$=$	8
$+$				$-$
$=$				$=$
5	$-$		$=$	

STEP 3 STEP 2의 빈 카드에 남은 수를 알맞게 써넣으시오.

▶ 정답과 풀이 02쪽

01 주어진 4장의 수 카드 중 3장을 사용하여 계산 결과가 9가 되도록 빈 곳에 알맞은 수를 써넣으시오.  온라인 활동지

$$\boxed{2} \quad \boxed{3} \quad \boxed{5} \quad \boxed{7}$$

$$\square - \square + \square = 9$$

02 주어진 수 카드를 모두 사용하여 4개의 식을 각각 완성해 보시오. 🖨 온라인 활동지

$$\boxed{15} \quad \boxed{16}$$
$$\boxed{17} \quad \boxed{18}$$

식1 $\square + \square - \square = \boxed{15}$

식2 $\square + \square - \square = \boxed{16}$

식3 $\square + \square - \square = \boxed{17}$

식4 $\square + \square - \square = \boxed{18}$

 **Lecture ···** 식 완성하기

주어진 수 카드를 모두 써넣어 식이 성립하도록 여러 가지 방법으로 만들 수 있습니다.

$$\boxed{2} \quad \boxed{3} \quad \boxed{4} \quad \boxed{5}$$

$$\square + \square - \square = \square$$

방법1 $\boxed{4} + \boxed{3} - \boxed{5} = \boxed{2}$

방법2 $\boxed{5} + \boxed{2} - \boxed{4} = \boxed{3}$

방법3 $\boxed{5} + \boxed{2} - \boxed{3} = \boxed{4}$

방법4 $\boxed{3} + \boxed{4} - \boxed{2} = \boxed{5}$

(이외 여러 가지 방법이 있습니다.)

2. 가장 큰 값, 가장 작은 값

주어진 숫자 카드 중 5장을 사용하여 계산 결과가 400에 가장 가까운 덧셈식을 만들어 보시오.

온라인 활동지

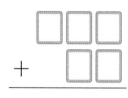

STEP 1 덧셈 결과가 400에 가장 가까운 수를 만들기 위해서 백의 자리에 들어갈 수 있는 수를 써 보시오.

STEP 2 백의 자리 숫자가 4일 때 나머지 (두 자리 수) + (두 자리 수)는 0에 가깝게 만들어야 합니다. 계산 결과가 400에 가까운 식을 만들어 보시오.

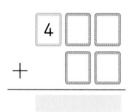

STEP 3 백의 자리 숫자가 3일 때 나머지 (두 자리 수) + (두 자리 수)는 100에 가깝게 만들어야 합니다. 계산 결과가 400에 가까운 식을 만들어 보시오.

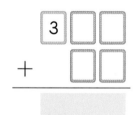

STEP 4 위의 STEP 2, STEP 3 중에서 계산 결과가 400에 더 가까운 덧셈식을 써 보시오.

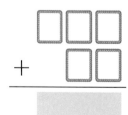

01 ▨ 안에 1부터 5까지의 숫자를 모두 써넣어 다음 식을 만들 때, 계산 결과가 가장 클 때의 값을 구하시오.  온라인 활동지

$$\boxed{}\boxed{} + \boxed{} - \boxed{}\boxed{}$$

02 주어진 숫자 카드를 모두 사용하여 계산 결과가 200에 가장 가까운 뺄셈식을 2가지 방법으로 만들어 보시오. 온라인 활동지

$$\boxed{1} \quad \boxed{2} \quad \boxed{3} \quad \boxed{4} \quad \boxed{5}$$

방법1

$$\boxed{}\boxed{}\boxed{} \\ - \boxed{}\boxed{}$$

방법2

$$\boxed{}\boxed{}\boxed{} \\ - \boxed{}\boxed{}$$

3. 벌레 먹은 셈

대표문제

다음은 l부터 8까지의 숫자를 모두 사용하여 만든 덧셈식입니다. ▨ 안에 알맞은 숫자를 써넣어 식을 완성해 보시오.

$$
\begin{array}{r}
\boxed{}\ 5\ \boxed{} \\
+\ \boxed{}\ 8 \\
\hline
2\ \boxed{}\ \boxed{}
\end{array}
$$

> STEP 1 사용한 숫자 2, 5, 8을 제외하고 백의 자리에 알맞은 숫자를 써넣으시오.

$$
\begin{array}{r}
\boxed{}\ 5\ \boxed{} \\
+\ \boxed{}\ 8 \\
\hline
2\ \boxed{}\ \boxed{}
\end{array}
$$

> STEP 2 STEP 1에서 사용하고 남은 숫자 중 일의 자리에 알맞은 숫자를 써넣으시오.

$$
\begin{array}{r}
\boxed{}\ 5\ \boxed{} \\
+\ \boxed{}\ 8 \\
\hline
2\ \boxed{}\ \boxed{}
\end{array}
$$

> STEP 3 STEP 1과 STEP 2에서 사용하고 남은 숫자를 알맞게 써넣어 식을 완성해 보시오.

$$
\begin{array}{r}
\boxed{}\ 5\ \boxed{} \\
+\ \boxed{}\ 8 \\
\hline
2\ \boxed{}\ \boxed{}
\end{array}
$$

01 주어진 숫자 카드를 모두 사용하여 다음 뺄셈식을 완성해 보시오.

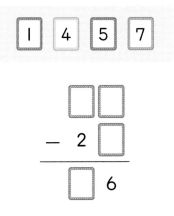

02 ■ 안에 알맞은 숫자를 써넣어 2가지 방법으로 식을 완성해 보시오.

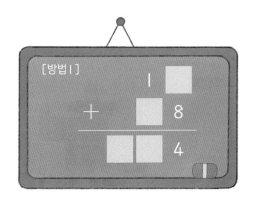

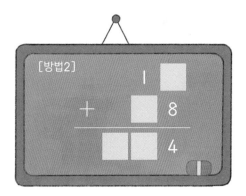

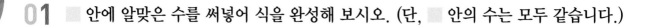
01 █ 안에 알맞은 수를 써넣어 식을 완성해 보시오. (단, █ 안의 수는 모두 같습니다.)

$$33 - █ - █ - █ = 8 + █ + █$$

02 1부터 6까지의 숫자를 모두 써넣어 다음 식을 만들 때, 계산 결과가 가장 클 때의 값을 구하시오.

$$█\,█ + █\,█ - █\,█$$

> 정답과 풀이 05쪽

03 ▨ 안에 1부터 6까지의 숫자를 모두 써넣어 |보기|와 같이 식을 완성해 보시오.

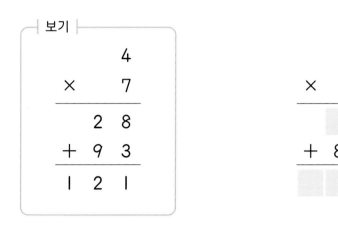

04 계산기로 다음과 같이 계산할 때 + 버튼을 한 번 누르지 않아 계산 결과가 75가 나왔습니다. 누르지 않은 + 버튼에 ○표 하시오.

Key Point
9와 8 또는 8과 1 사이의 + 를 누르지 않으면 98 또는 81이 되므로 합이 75보다 크게 됩니다.

I. 연산 **15**

05 1부터 9까지의 숫자를 모두 사용하여 주어진 2개의 식이 모두 성립 되게 하려고 합니다. ▨ 안에 알맞게 수를 써넣어 식을 완성해 보시오. (단, 1, 2, 5는 이미 사용하였습니다.)

$$\boxed{} \times \boxed{} = 5\;\boxed{}$$

$$1\;2 + \boxed{} = \boxed{} + \boxed{}$$

06 주어진 숫자 카드를 한 번씩만 사용하여 계산 결과가 가장 작은 덧셈식과 뺄셈식을 각각 만들어 보시오.

$$\boxed{1}\;\boxed{6}\;\boxed{4}\;\boxed{8}\;\boxed{3}$$

덧셈식 가장 작은 값

$$\begin{array}{r} \boxed{}\;\boxed{}\;\boxed{} \\ +\;\boxed{}\;\boxed{} \\ \hline \end{array}$$

뺄셈식 가장 작은 값

$$\begin{array}{r} \boxed{}\;\boxed{}\;\boxed{} \\ -\;\boxed{}\;\boxed{} \\ \hline \end{array}$$

07 다음 식의 █ 안에 들어갈 수 있는 4개의 숫자의 합을 구하시오.

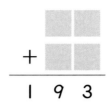

$$
\begin{array}{r}
\square\square \\
+\ \square\square \\
\hline
1\ 9\ 3
\end{array}
$$

08 찢어진 종이에 적힌 2개의 세 자리 수의 합과 차가 다음과 같습니다. 찢어진 종이에 적힌 두 수를 구하시오. (단, 종이에 적힌 두 수는 같습니다.)

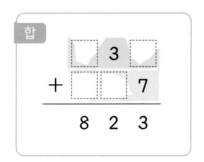

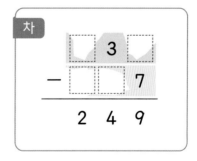

4. 복면산

> 대표 문제

다음 식에서 ●, ▲, ★이 나타내는 숫자를 구하여 식을 완성해 보시오. (단, 같은 모양은 같은 숫자를, 다른 모양은 다른 숫자를 나타냅니다.)

> STEP 1 일의 자리 계산에서 ★ + ● = ★ 입니다. ●이 나타내는 숫자를 □ 안에 구하시오.

> STEP 2 십의 자리 계산에서 ▲ + ★ = ★ ● 입니다. STEP 1에서 구한 ●의 값을 □ 안에 써넣고 ★이 나타내는 숫자를 □ 안에 구하시오.

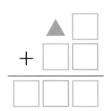

> STEP 3 ▲이 나타내는 숫자를 구하고 식을 완성해 보시오.

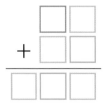

01 다음 식에서 ♠, ★, ♥이 나타내는 숫자를 각각 구하시오. (단, 같은 모양은 같은 숫자를, 다른 모양은 다른 숫자를 나타냅니다.)

02 다음 식에서 ●, ▲, ■이 나타내는 숫자를 각각 구하시오. (단, 같은 모양은 같은 숫자를, 다른 모양은 다른 숫자를 나타냅니다.)

· 계산식에서 숫자 대신 문자나 모양으로 나타낸 식을 복면산이라고 합니다.
· 복면산에서 같은 모양은 같은 수를, 다른 모양은 다른 수를 나타냅니다.

5. 도형이 나타내는 수

대표 문제

오른쪽과 아래쪽에 있는 수는 각 줄의 모양이 나타내는 수들의 합입니다. 빈칸에 알맞은 수를 써넣으시오. (단, 같은 모양은 같은 수를, 다른 모양은 다른 수를 나타냅니다.)

◉	♥	◆	12
◉	▲	▲	14
◉	◆	◉	
12		15	

STEP 1 세로의 첫째 줄에서 ◉＋◉＋◉＝12입니다. ◉이 나타내는 수는 얼마입니까?

STEP 2 가로의 둘째 줄에서 ◉＋▲＋▲＝14입니다. ▲이 나타내는 수는 얼마입니까?

STEP 3 세로의 셋째 줄에서 ◆＋▲＋◉＝15입니다. ◆이 나타내는 수는 얼마입니까?

STEP 4 가로의 첫째 줄에서 ◉＋♥＋◆＝12입니다. ♥이 나타내는 수는 얼마입니까?

STEP 5 STEP1 ～ STEP4에서 구한 수를 이용하여 주어진 문제의 가로와 세로의 같은 줄에 있는 수의 합을 구해 빈칸에 써넣으시오.

01 오른쪽과 아래쪽에 있는 수는 각 줄의 모양이 나타내는 수들의 합입니다. 빈칸에 알맞은 수를 써넣으시오. (단, 같은 모양은 같은 수를, 다른 모양은 다른 수를 나타냅니다.)

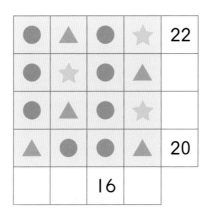

02 다음 식을 만족하는 서로 다른 4개의 수 A, B, C, D의 값을 각각 구하시오.

$$A+C=15 \qquad B+D=16$$
$$A=C+C \qquad B-D=2$$

6. 연산 기호 넣기

대표 문제

|보기|와 같이 주어진 숫자 사이에 ＋를 써넣어 식을 완성해 보시오. (단, 숫자를 2개 붙여 두 자리 수를 만들어도 됩니다.)

| 보기 |

$$1 \quad 2 \quad 3 \quad 4 = 28 \quad \Rightarrow \quad 1 + 2 \quad 3 + 4 = 28$$

$$1 \quad 2 \quad 3 \quad 4 \quad 5 = 60$$

STEP 1 5개의 숫자를 모두 더한 값은 얼마입니까?

$$1 + 2 + 3 + 4 + 5 = \boxed{}$$

STEP 2 5개의 숫자를 모두 더한 값이 60보다 작으므로 4와 5를 붙여 45를 만든 후 계산해 보시오.

$$1 + 2 + 3 + 4 \quad 5 = \boxed{}$$

STEP 3 STEP 2 에서 구한 값은 60보다 작습니다. 따라서 4와 5를 붙여 45를, 2와 3을 붙여 23을 만든 후 계산해 보시오.

$$1 \quad 2 \quad 3 \quad 4 \quad 5 = \boxed{}$$

STEP 4 STEP 3 에서 구한 값은 60보다 큽니다. 따라서 4와 5를 붙여 45를, 1과 2를 붙여 12를 만든 후 계산해 보시오.

$$1 \quad 2 \quad 3 \quad 4 \quad 5 = \boxed{}$$

01 주어진 숫자 사이에 ＋, －를 써넣어 식을 완성해 보시오. (단, 숫자를 2개 붙여 두 자리 수를 만들어도 됩니다.)

$$5 \quad 4 \quad 3 \quad 2 \quad 1 = 23$$

02 ● 안에 ＋, － 기호를 써넣어 2가지 방법으로 식을 완성해 보시오.

방법1 $6 \bullet 5 \bullet 4 \bullet 3 \bullet 2 \bullet 1 = 13$

방법2 $6 \bullet 5 \bullet 4 \bullet 3 \bullet 2 \bullet 1 = 13$

Lecture ··· 연산 기호 넣기

＋가 여러 개 있는 식에서 ＋를 －로 바꾸면 계산 결과가 －로 바뀐 수의 2배만큼 작아집니다.

＋3이 －3으로 바뀌면

$$1 + 2 + 3 + 4 = 10 \qquad 1 + 2 - 3 + 4 = 4$$

계산 결과는 3의 2배인 6만큼 작아집니다.

Creative 팩토

01 잘못된 식에 있는 카드 2장의 위치를 바꾸어 올바른 식으로 만들어 보시오.

🖨 온라인 활동지

잘못된 식 | 7 | 5 | + | 3 | = | 6 | 0

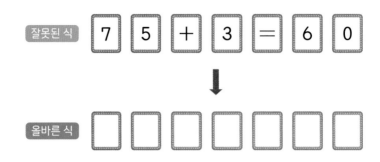

↓

올바른 식 | ☐ | ☐ | ☐ | ☐ | ☐ | ☐ | ☐

02 오른쪽과 아래쪽에 있는 수는 각 줄의 모양이 나타내는 수들의 합입니다. 빈칸에 알맞은 수를 써넣으시오. (단, 같은 모양은 같은 수를, 다른 모양은 다른 수를 나타냅니다.)

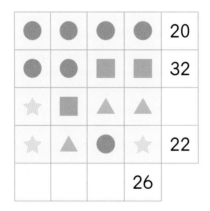

정답과 풀이 10쪽

03 다음 덧셈식에서 C－A의 값을 구하시오. (단, 같은 알파벳은 같은 숫자를, 다른 알파벳은 다른 숫자를 나타냅니다.)

$$\begin{array}{r} A\ B \\ +\ B\ C \\ \hline 5\ 6 \end{array}$$

04 다음 ○ 안에 ＋, －를 써넣어 계산 결과가 100이 되도록 만들어 보시오.

123 ○ 45 ○ 67 ○ 8 ○ 9＝100

05 다음 식에서 ◆, ●, ★이 나타내는 수를 각각 구하시오. (단, 같은 모양은 같은 수를, 다른 모양은 다른 수를 나타냅니다.)

$$◆ + ● = 18$$
$$● + ★ = 23$$
$$◆ + ● + ★ = 30$$

Key Point
◆ + ● = 18을
◆ + ● + ★ = 30과 비교하여
★을 구해 봅니다.

06 다음 뺄셈식에서 ▲, ★이 나타내는 숫자를 각각 구하시오. (단, 같은 모양은 같은 숫자를, 다른 모양은 다른 숫자를 나타냅니다.)

07 다음 식을 만족하는 서로 다른 4개의 수 ㉮, ㉯, ㉰, ㉱는 각각 얼마인지 구하시오. (단, 같은 글자는 같은 수를, 다른 글자는 다른 수를 나타냅니다.)

$$㉮ + ㉯ = ㉮$$
$$㉮ \times ㉰ = ㉮$$
$$㉰ + ㉱ = ㉮$$
$$㉱ - ㉰ = ㉰$$

Key Point
어떤 수에 0을 더하거나 1을 곱하면 어떤 수가 됩니다.

08 다음 숫자 사이에 + 기호만 써넣어 계산 결과가 500이 되도록 만들어 보시오. (단, 숫자를 붙여 두 자리 수인 44 또는 세 자리인 수인 444를 만들어도 됩니다.)

$$4 \quad 4 \quad 4 \quad 4 \quad 4 \quad 4 \quad 4 \quad 4 = 500$$

01 1부터 8까지의 수가 적혀 있는 정팔면체 주사위를 4번 던져 나온 수로 다음 식을 만들 때, 계산 결과가 가장 클 때의 값을 구하시오.

$$\boxed{}\boxed{} - \boxed{} + \boxed{}$$

02 주어진 9장의 수 카드를 모두 사용하여 3개의 식을 완성해 보시오.

🖥 온라인 활동지

| 0 | 1 | 3 | 4 | 5 | 6 | 7 | 8 | 9 |

$$\boxed{} + \boxed{} = \boxed{}$$

$$\boxed{} - \boxed{} = \boxed{}$$

$$\boxed{} \times \boxed{} = \boxed{2}\boxed{}$$

03 빈 곳에 ＋, －를 써넣어 식이 성립하도록 만들어 보시오.

04 오른쪽과 아래쪽에 있는 수는 각 줄의 모양이 나타내는 수들의 합입니다. 이때 A＋B의 값을 구하시오. (단, 같은 모양은 같은 수를, 다른 모양은 다른 수를 나타냅니다.)

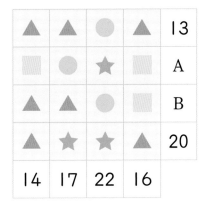

01 수 카드 ②, ③, ④, ⑥ 중 3장, ⊕, ⊖, ⊗ 중 2장을 사용하여 계산한 값이 2부터 9까지의 수가 되도록 만들어 보시오. (단, 앞에서부터 차례로 계산합니다.)

$$\boxed{2} \xrightarrow{\times} \boxed{3} \xrightarrow{-} \boxed{} = 2$$

$$\boxed{} \longrightarrow \boxed{} \longrightarrow \boxed{} = 3$$

$$\boxed{} \longrightarrow \boxed{} \longrightarrow \boxed{} = 4$$

$$\boxed{} \longrightarrow \boxed{} \longrightarrow \boxed{} = 5$$

$$\boxed{} \longrightarrow \boxed{} \longrightarrow \boxed{} = 6$$

$$\boxed{} \longrightarrow \boxed{} \longrightarrow \boxed{} = 7$$

$$\boxed{} \longrightarrow \boxed{} \longrightarrow \boxed{} = 8$$

$$\boxed{} \longrightarrow \boxed{} \longrightarrow \boxed{} = 9$$

02 |보기|와 같이 서로 다른 3개의 숫자를 사용하여 두 자리 수끼리의 덧셈식을 만들려고 합니다. 계산 결과가 가장 큰 값 또는 가장 작은 값이 나오도록 만들어 보시오. 이때 계산 결과는 100보다 크고 199보다 작아야 합니다. (단, 계산 결과도 3개의 숫자를 사용하여 만들 수 있어야 합니다.)

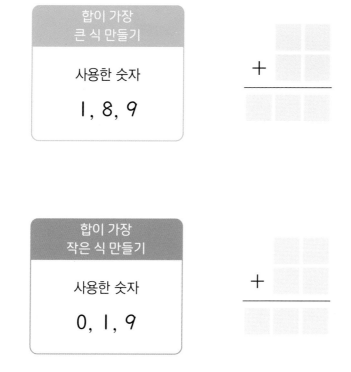

II

공간

대표 문제

다음 모양을 만들기 위해 필요한 블록은 각각 몇 개인지 구해 보시오.

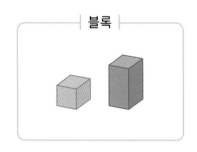

블록

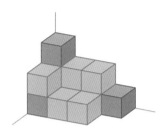

> STEP 1 다음 그림에서 각 기호의 블록이 놓여진 모양에 ○표 하시오.

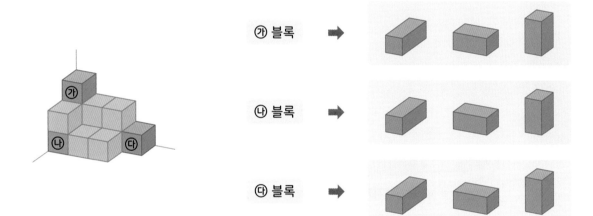

㉮ 블록 ➡

㉯ 블록 ➡

㉰ 블록 ➡

> STEP 2 다음 그림에서 ㉱ 블록 아래 놓여진 블록에 ○표 하시오.

㉱ 블록 아래 놓여진 블록 ➡

> STEP 3 주어진 모양을 쌓기 위해 필요한 블록은 각각 몇 개입니까?

:   개   :   개

01 다음 모양을 만들기 위해 필요한 블록은 각각 몇 개인지 구해 보시오.

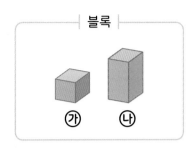

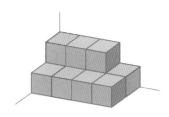

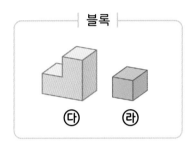

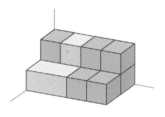

Lecture ··· 블록의 개수

다음 모양을 만들기 위해 필요한 블록의 개수를 구할 수 있습니다.

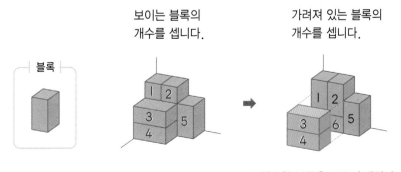

보이는 블록의
개수를 셉니다.

가려져 있는 블록의
개수를 셉니다.

➡ 필요한 블록은 모두 6개입니다.

2. 위, 앞, 옆에서 본 모양

오른쪽의 블록으로 쌓은 모양을 보고, 위, 앞, 옆에서 본 모양을 그린 후 각 칸에 알맞은 색깔을 써 보시오. (단, 분홍은 '분', 노랑은 '노', 연두는 '연', 파랑은 '파'로 써 보시오.)

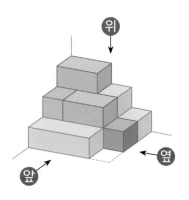

위에서 본 모양	앞에서 본 모양	옆에서 본 모양

STEP 1 위, 앞, 옆에서 보이는 블록의 면에 색칠해 보시오.

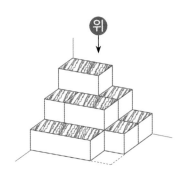
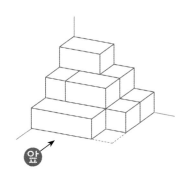
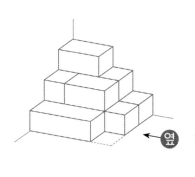

STEP 2 STEP 1에서 색칠한 블록의 면을 보고, 위, 앞, 옆에서 본 모양을 그린 후 알맞은 색깔을 써 보시오.

위에서 본 모양

분	노	노
연	분	파
	노	

앞에서 본 모양

옆에서 본 모양

01 오른쪽의 블록으로 쌓은 모양을 보고, 위, 앞, 옆
에서 본 모양을 그린 후 각 칸에 알맞은 색깔을
써 보시오. (단, 보라는 '보', 주황은 '주', 노랑은
'노', 연두는 '연'으로 써 보시오.)

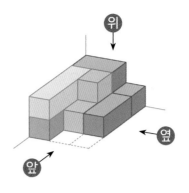

위에서 본 모양	앞에서 본 모양	옆에서 본 모양

 Lecture ··· 위, 앞, 옆에서 본 모양

쌓기나무로 쌓은 모양을 보고 위, 앞, 옆에서 본 모양을 그려 볼 수 있습니다.

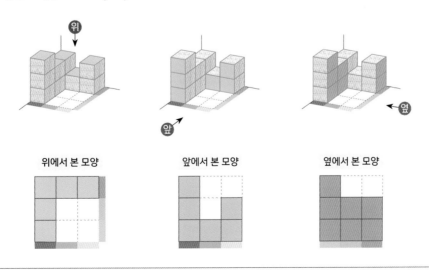

대표문제

서로 다른 3개의 조각으로 만든 모양을 보고 나머지 2개의 조각을 찾아 기호를 써 보시오.

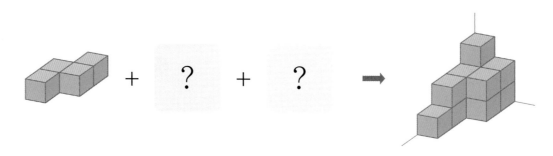

> **STEP 1** 사용한 조각 중 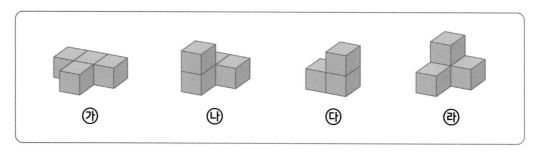 조각이 사용된 곳에 색칠했습니다. 이 조각을 뺀 모양을 찾아 ○표 하시오.

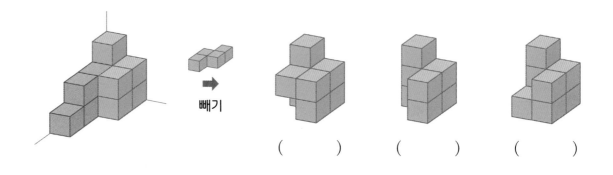

빼기

(   )   (   )   (   )

> **STEP 2** STEP 1에서 찾은 모양을 만들 수 있는 2개의 조각을 찾아 기호를 써 보시오.

▶ 정답과 풀이 **16**쪽

01 서로 다른 3개의 조각으로 만든 모양을 보고 나머지 2개의 조각을 찾아 기호를 써 보시오.

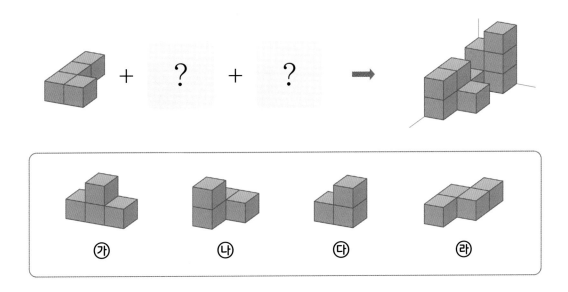

02 서로 다른 3개의 조각으로 만든 모양을 보고 ● 안의 조각에 알맞게 색칠해 보시오.

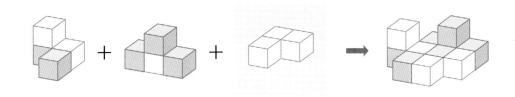

소마큐브 조각은 🔲 모양 3개로 이루어진 🔳 조각 1개와 🔲 모양 4개로 이루어진 나머지 조각 6개로 분류할 수 있습니다. 또한 조각을 돌리거나 뒤집어 1층 모양으로 만들 수 있는

조각 4개와 반드시 2층으로만 쌓을 수 있는 🔳, 🔳, 🔳 조각 3개로 분류할 수 있습니다.

01 다음 모양을 만들기 위해 필요한 ㉠, ㉡, ㉢ 블록은 각각 몇 개인지 구해 보시오.

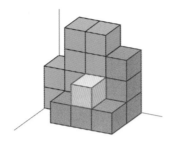

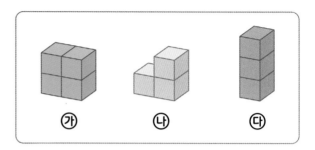

02 다음 모양을 만들기 위해 필요한 ㉠, ㉡ 블록은 각각 몇 개인지 구해 보시오.

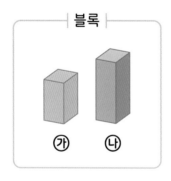

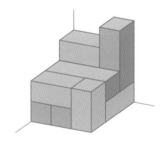

❯ 정답과 풀이 17쪽

03 다음 모양을 만들기 위해 필요한 ㉮, ㉯ 블록은 각각 몇 개인지 구해 보시오.

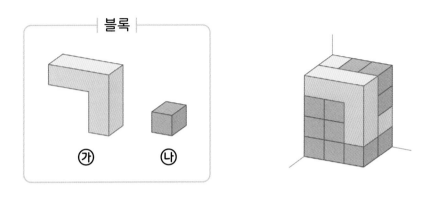

04 블록으로 쌓은 모양 중 위에서 본 모양이 오른쪽과 같은 것을 찾아 기호를 써 보시오.

위에서 본 모양

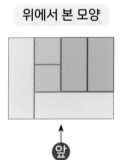

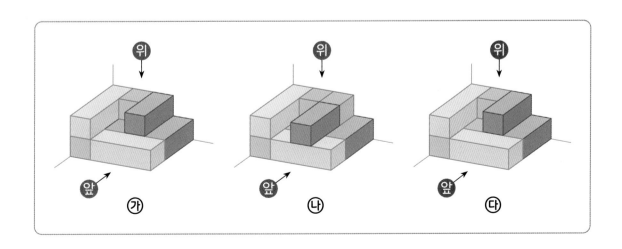

05 블록으로 쌓은 모양을 보고 위에서 본 모양을 그린 후 각 칸에 알맞은 색깔을 써 보시오. (단, 노랑은 '노', 분홍은 '분', 연두는 '연', 파랑은 '파'로 써 보시오.)

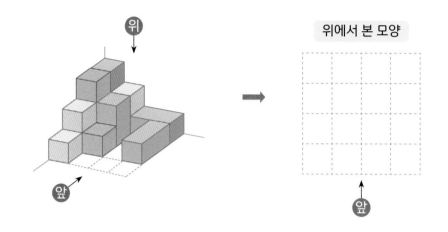

06 다음 모양을 만들기 위해 필요한 조각 3개를 찾아 기호를 써 보시오.

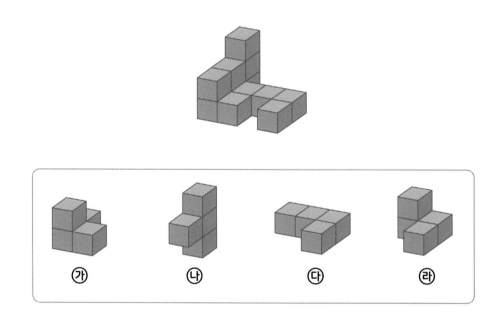

> 정답과 풀이 **18쪽**

07 다음은 같은 조각 3개를 사용하여 만든 모양입니다. 사용한 조각을 각각 찾아 기호를 써 보시오.

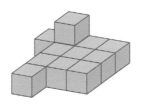

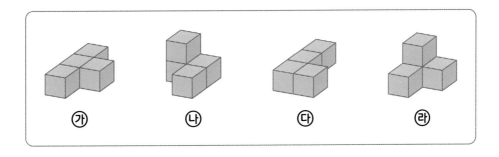

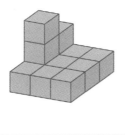

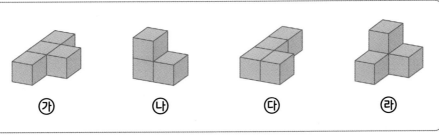

4. 같은 주사위

대표 문제

다음 중 다른 주사위 한 개를 찾아 기호를 써 보시오. (단, 주사위의 마주 보는 두 면의 눈의 수의 합은 7입니다.)

㉮   ㉯   ㉰

> STEP 1 주사위의 7점 원리를 이용하여 ▢ 안에 알맞은 주사위의 눈의 수를 써넣으시오.

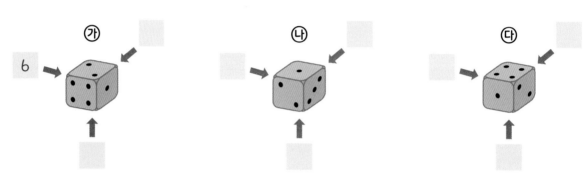

㉮   ㉯   ㉰

6 →

> STEP 2 눈의 수 1, 2, 3이 모여 있는 꼭짓점을 찾아 회전하는 방향을 그리고, 알맞은 말에 ○표 하시오.

㉮   ㉯   ㉰

(좌회전, 우회전) 주사위   (좌회전, 우회전) 주사위   (좌회전, 우회전) 주사위

> STEP 3 STEP 2의 결과를 보고 ㉮, ㉯, ㉰ 중 다른 주사위 한 개를 찾아 기호를 써 보시오.

01 다음 중 <u>다른</u> 주사위 한 개를 찾아 기호를 써 보시오. (단, 주사위의 마주 보는 두
면의 눈의 수의 합은 7입니다.)

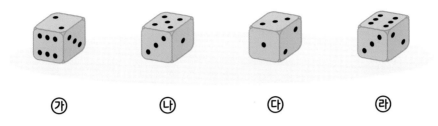

㉮   ㉯   ㉰   ㉱

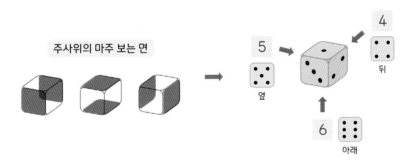

Lecture ··· 같은 주사위

주사위의 7점 원리: 주사위의 마주 보는 두 면의 눈의 수의 합은 항상 7입니다.

눈의 수 1, 2, 3이 모여 있는 주사위의 꼭짓점을 찾아 회전 방향을 표시하면 어떤 주사위인지 알 수 있습니다.

5. 색종이 겹치기

대표 문제

구멍 뚫린 색종이 3장을 겹친 모양을 보고 가장 위에 있는 색종이부터 차례로 번호를 써 보시오. (단, 주어진 색종이를 돌리거나 뒤집지 않습니다.)

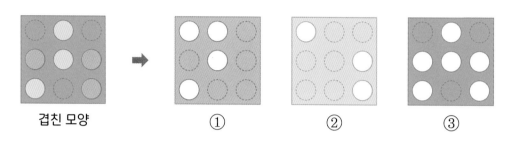

STEP 1 가려진 곳이 없는 분홍색 색종이가 가장 위에 있는 색종이입니다. 다음과 같이 2가지 경우로 나누어 생각할 때, 겹친 모양에서 노란색 색종이가 보이는 구멍에는 '노', 파란색 색종이가 보이는 구멍에는 '파'라고 써 보시오.

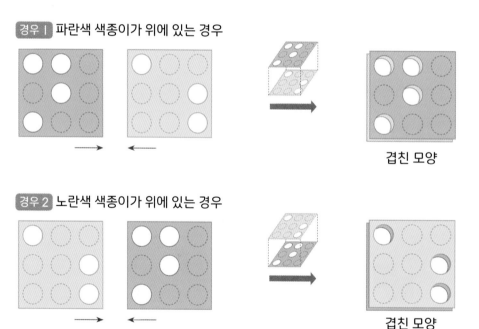

STEP 2 STEP 1의 경우 1 과 경우 2 의 겹친 모양에 분홍색 색종이를 위에 올려놓았을 때, 주어진 3장을 겹친 모양과 같은 것을 찾아보시오.

STEP 3 가장 위에 있는 색종이부터 차례로 번호를 써 보시오.

01 구멍 뚫린 색종이 3장을 겹친 모양을 보고 가장 위에 있는 색종이부터 차례로
 1, 2, 3을 써 보시오. (단, 주어진 색종이를 돌리거나 뒤집지 않습니다.)

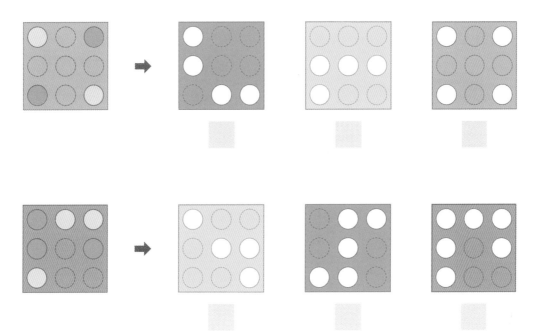

Lecture ··· 구멍 뚫린 색종이의 겹친 순서

구멍 뚫린 색종이를 겹치는 순서대로 보면 가장 위에 있는 색종이의 구멍으로 보이는 색깔을 찾을 수 있습니다.

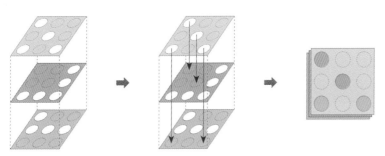

다음과 같이 색종이를 2번 접어 검은색으로 칠한 부분을 잘랐습니다. 색종이를 펼쳤을 때 잘려진 부분에 색칠해 보시오. 🖨 온라인 활동지

접기   접기

접은 모양

펼친 모양

> STEP 1 색종이를 1번 펼쳤을 때 잘려진 부분에 색칠 해 보시오.

> STEP 2 색종이를 2번 펼쳤을 때 잘려진 부분에 색칠 해 보시오.

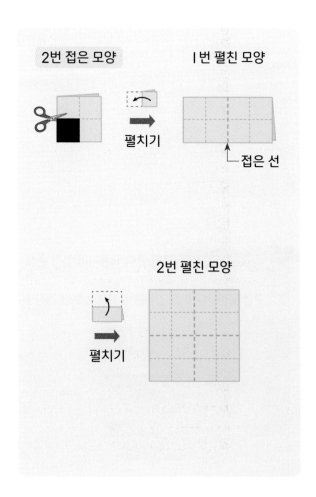

2번 접은 모양   1번 펼친 모양

펼치기

접은 선

2번 펼친 모양

펼치기

01 다음과 같이 색종이를 2번 접어 검은색으로 칠한 부분을 잘랐습니다. 색종이를 펼쳤을 때 잘려진 부분에 색칠해 보시오. 온라인 활동지

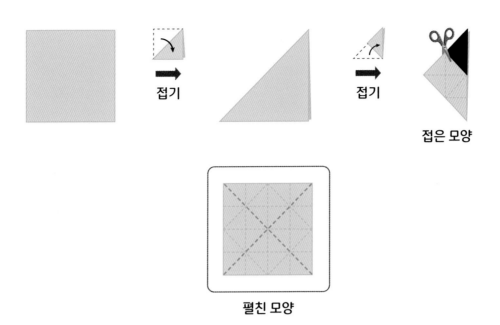

펼친 모양

Lecture ··· 색종이 자르기

색종이를 반으로 접어 검은색으로 칠한 부분을 자른 다음 펼치면 잘려진 부분은 접은 선을 기준으로 대칭입니다.

Creative 팩토

01 다음 중 <u>다른</u> 주사위 한 개를 찾아 기호를 써 보시오. (단, 주사위의 마주 보는 두 면의 눈의 수의 합은 7입니다.)

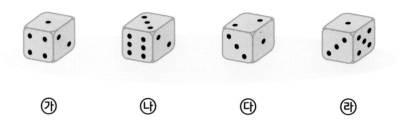

㉮   ㉯   ㉰   ㉱

02 구멍 뚫린 색종이 3장을 겹친 후 다음 그림 위에 올려놓을 때, 보이는 수를 모두 더한 값을 구해 보시오. (단, 주어진 색종이를 돌리거나 뒤집지 않습니다.)

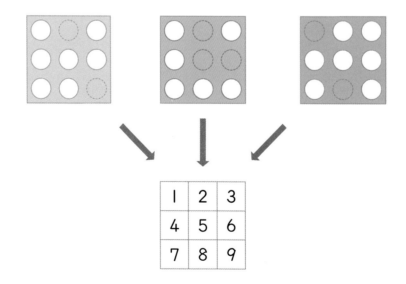

1	2	3
4	5	6
7	8	9

＞정답과 풀이 **22**쪽

03 주어진 주사위를 굴렸을 때 분홍색으로 칠한 면의 눈의 수를 구해 보시오. (단, 주사위의 마주 보는 두 면의 눈의 수의 합은 7입니다.)

04 다음과 같이 색종이를 2번 접은 후 검은색으로 칠한 부분을 잘랐습니다. 색종이를 펼쳤을 때, 나타나는 모양을 찾아 기호를 써 보시오. 온라인 활동지

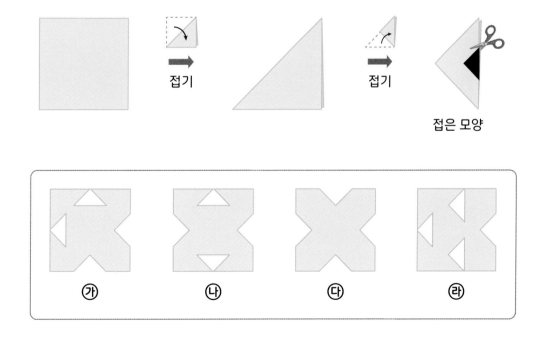

05 다음 중 <u>다른</u> 주사위 한 개를 찾아 기호를 써 보시오. (단, 주사위의 노란색 면과 마주 보는 면은 초록색 면이고, 파란색 면과 마주 보는 면은 보라색 면입니다.)

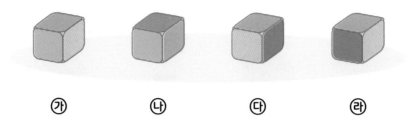

㉮   ㉯   ㉰   ㉱

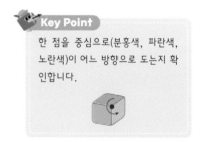

Key Point
한 점을 중심으로(분홍색, 파란색, 노란색)이 어느 방향으로 도는지 확인합니다.

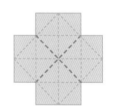

06 색종이를 2번 접은 후 잘랐습니다. 펼친 모양이 오른쪽과 같을 때 접은 모양에 자른 부분을 색칠해 보시오. 📠 온라인 활동지

펼친 모양

접기

접기

접은 모양

07 다음과 같이 색종이를 2번 접어 검은색으로 칠한 부분을 잘랐습니다. 펼친 모양에 구멍 뚫린 부분을 색칠하고 구멍의 개수를 써 보시오.

* Perfect 경시대회 *

01 다음 모양을 만들기 위해 필요한 ㉮, ㉯, ㉰ 블록은 각각 몇 개인지 구해 보시오.

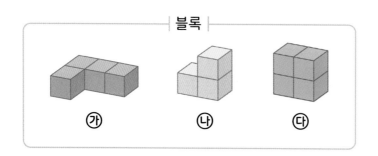

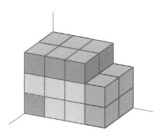

02 다음과 같이 색종이를 3번 접은 후 검은색으로 칠한 부분을 잘랐습니다. 색종이를 펼쳤을 때, 잘려진 부분을 찾아 색칠해 보시오. 🖨 온라인 활동지

펼친 모양

03 블록으로 쌓은 모양을 보고 위에서 본 모양을 그린 후 각 칸에 알맞은 색깔을 써 보시오. (단, 연두는 '연', 노랑은 '노', 분홍은 '분'으로 써 보시오.)

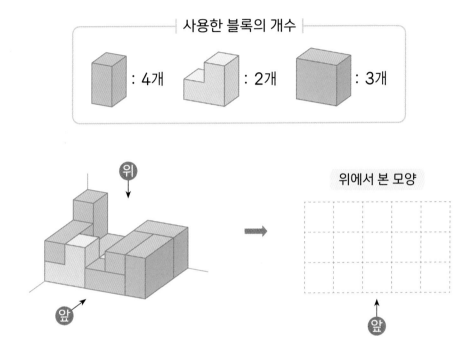

04 다음 종이를 토끼 그림이 맨 위에 올라오게 접은 후 검은색으로 칠한 부분을 자른 다음 펼쳤습니다. 펼친 모양에 잘린 부분을 색칠해 보시오. (단, 종이 뒷면에는 아무것도 쓰여 있지 않습니다.) 📇 온라인 활동지

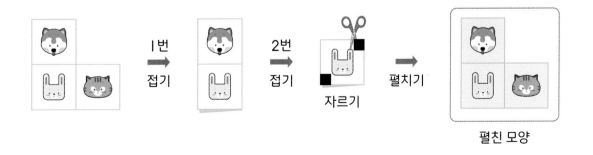

* Challenge 영재교육원 *

01 구멍 뚫린 색종이 3장을 겹친 모양을 보고, 가장 위에 있는 색종이부터 차례로 기호를 써 보시오. (단, 주어진 색종이를 돌리거나 뒤집지 않습니다.)

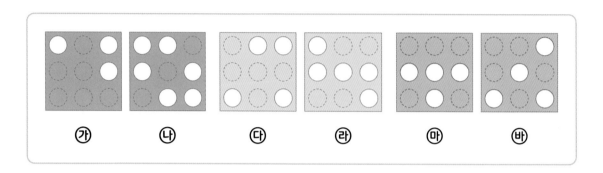

보기

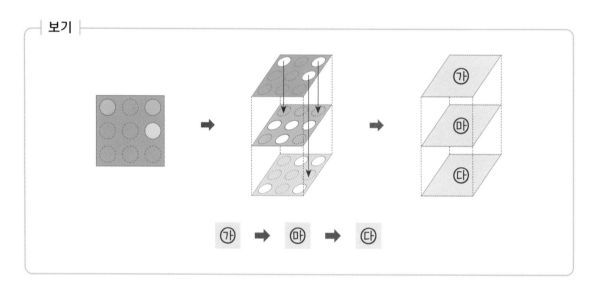

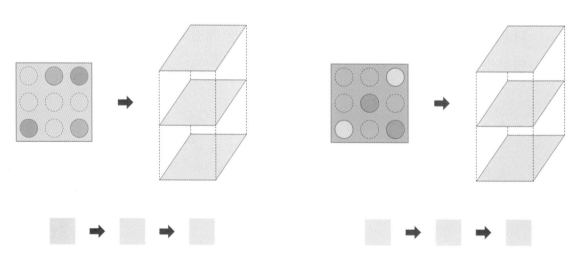

02 주어진 주사위의 맞닿은 두 면의 눈의 수의 합이 다음과 같도록 이어 붙였을 때, 색칠한 면의 눈의 수를 구해 보시오. (단, 주사위의 마주 보는 두 면의 눈의 수의 합은 7입니다.)

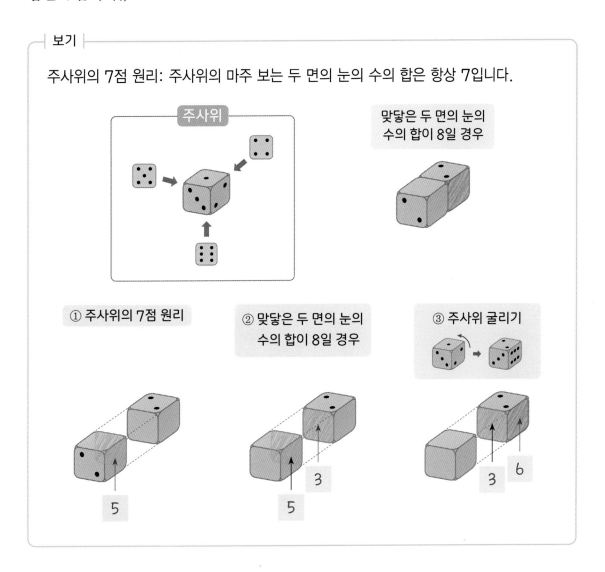

보기

주사위의 7점 원리: 주사위의 마주 보는 두 면의 눈의 수의 합은 항상 7입니다.

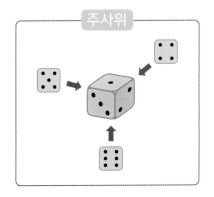

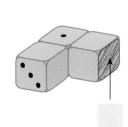

맞닿은 두 면의 눈의 수의 합이 6일 경우

맞닿은 두 면의 눈의 수의 합이 8일 경우

Ⅲ

논리추론

✅ 학습 Planner

계획한 대로 공부한 날은 😃 에, 공부하지 못한 날은 😞 에 ◯표 하세요.

공부할 내용	공부할 날짜		확 인	
1 리그와 토너먼트	월	일	😃	😞
2 진실과 거짓	월	일	😃	😞
3 빈 병 바꾸기	월	일	😃	😞
Creative 팩토	월	일	😃	😞
4 배치하기	월	일	😃	😞
5 순서도 해석하기	월	일	😃	😞
6 연역표	월	일	😃	😞
Creative 팩토	월	일	😃	😞
Perfect 경시대회	월	일	😃	😞
Challenge 영재교육원	월	일	😃	😞

1. 리그와 토너먼트

대표 문제

서진, 주아, 재윤, 지훈, 이안, 하영이가 태권도 경기를 리그 방식으로 할 때, 총 경기 수를 구해 보시오.

> **리그** 참가한 사람은 다른 모든 사람과 경기를 한 번씩 합니다.

서진   주아   재윤   지훈   이안   하영

STEP 1 서진이가 해야 하는 경기를 모두 → 로 나타냈습니다. 그림을 보고 경기 수를 구하시오.

STEP 2 이미 서진이와 한 경기는 제외하고, 주아가 해야 하는 경기를 → 로 나타내고 경기 수를 구하시오.

STEP 3 이미 경기는 제외하고, 재윤, 지훈, 이안, 하영이가 해야 하는 경기를 각각 화살표로 나타내고 경기 수를 구하시오.

STEP 4 6명이 해야 하는 총 경기 수를 구해 보시오.

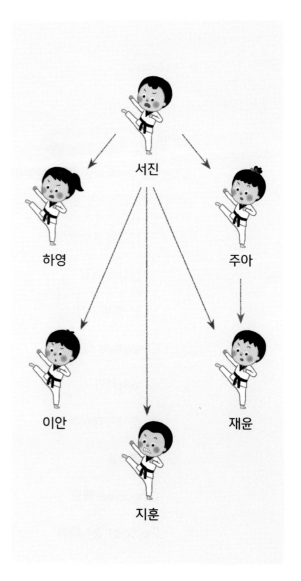

01 5팀이 리그 방식으로 경기를 할 때의 총 경기 수와 토너먼트 방식으로 경기를 할 때의 총 경기 수 중 어느 방식으로 하는 경기가 몇 번 더 하는지 구해 보시오.

02 1반부터 3반까지 야구 경기를 한 결과입니다. 대진표의 빈칸에 알맞은 반을 써넣고, 총 경기 수를 구해 보시오.

경기 결과

· 1반과 2반의 경기에서는 1반이 이겼어.

· 1반과 3반의 경기에서는 3반이 이겼어.

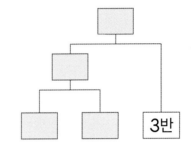

Lecture ···· 리그와 토너먼트

리그	토너먼트
· 참가한 팀은 다른 모든 팀과 경기를 한 번씩 합니다.	· 참가한 팀은 두 팀씩 경기를 하여 패배한 팀은 탈락합니다.
· 모든 경기가 끝나고 참가한 팀의 승, 무, 패 성적으로 순위를 매깁니다.	· 승리한 팀만 다음 경기를 할 수 있으며, 마지막에 승리한 팀이 우승합니다.

〈4팀이 리그 방식으로 경기〉

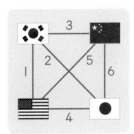

➡ 총 경기 수: 6

〈4팀이 토너먼트 방식으로 경기〉

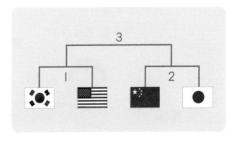

➡ 총 경기 수: 3

2. 진실과 거짓

친구들의 대화의 진실과 거짓을 보고, 창문을 깬 범인 1명을 찾아보시오.

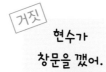 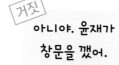 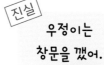

> **STEP 1** 주어진 문장을 보고 알맞은 말에 ○표 하시오.

현수는 창문을
(깼습니다 , 깨지 않았습니다).

> **STEP 2** 주어진 문장을 보고 알맞은 말에 ○표 하시오.

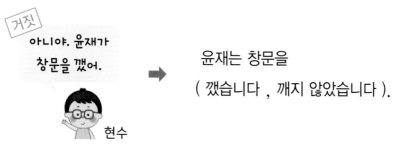

윤재는 창문을
(깼습니다 , 깨지 않았습니다).

> **STEP 3** 주어진 문장을 보고 알맞은 말에 ○표 하시오.

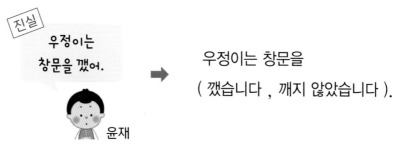

우정이는 창문을
(깼습니다 , 깨지 않았습니다).

> **STEP 4** 창문을 깬 범인을 찾아보시오.

01 친구들의 대화의 진실과 거짓을 보고, 몰래 쿠키를 먹은 범인 1명을 찾아보시오.

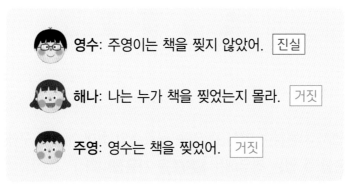

- **민서**: 루아가 쿠키를 먹었어. 거짓

- **루아**: 유주는 쿠키를 먹지 않았어. 거짓

- **유주**: 나는 누가 쿠키를 먹었는지 알아. 진실

02 친구들의 대화의 진실과 거짓을 보고, 친구 3명 중 책을 찢은 범인 1명을 찾아보시오.

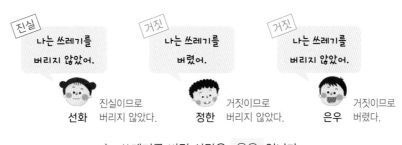

- **영수**: 주영이는 책을 찢지 않았어. 진실

- **해나**: 나는 누가 책을 찢었는지 몰라. 거짓

- **주영**: 영수는 책을 찢었어. 거짓

 Lecture ··· 진실과 거짓

친구들의 대화의 진실과 거짓을 보고, 쓰레기를 버린 범인 1명을 찾을 수 있습니다.

진실	거짓	거짓
나는 쓰레기를 버리지 않았어.	나는 쓰레기를 버렸어.	나는 쓰레기를 버리지 않았어.
선화	정한	은우
진실이므로 버리지 않았다.	거짓이므로 버리지 않았다.	거짓이므로 버렸다.

➡ 쓰레기를 버린 사람은 은우 입니다.

3. 빈 병 바꾸기

대표문제

가게에 빈 병 2개를 가져가면 음료수 1개로 바꿔 주고, 빈 병 5개를 가져가면 음료수 3개로 바꿔 줍니다. 민수가 음료수 5개를 샀을 때, 마실 수 있는 음료수의 최대 개수를 구해 보시오.

STEP 1 아래의 조건1을 먼저 사용하여 마실 수 있는 음료수의 최대 개수를 구해 보시오.

조건1 빈 병 2개 ➡ 음료수 1개

STEP 2 아래의 조건2를 먼저 사용하여 마실 수 있는 음료수의 최대 개수를 구해 보시오.
(단, 조건2를 사용할 수 없는 경우에는 조건1을 사용합니다.)

조건2 빈 병 5개 ➡ 음료수 3개

STEP 3 STEP 1, STEP 2 중 어느 경우에 음료수를 더 많이 먹을 수 있는지 구해 보시오.

01 가게에 빈 병 4개를 가져가면 주스 1개로 바꿔 주고, 빈 병 5개를 가져가면
주스 2개로 바꿔 줍니다. 규리가 주스 10개를 샀을 때, 마실 수 있는 주스의 최대
개수를 구해 보시오.

가게에 빈 병을 가져가면 새 음료수로 바꿔 줍니다. 주어진 조건에 따라 음료수를 마시고 나온 빈 병을 여러
번 바꿀 때, 마실 수 있는 음료수의 최대 개수를 구해 보시오.

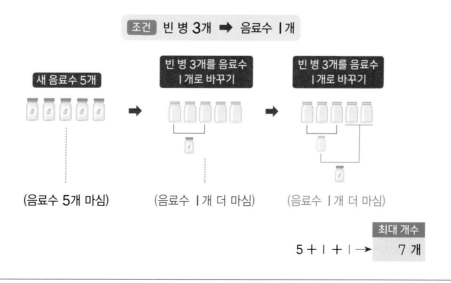

01 탁구 대회에 참가한 8명의 선수들은 예선에서 토너먼트 방식으로 경기를 하여 4명이 본선에 진출합니다. 본선에서는 리그 방식으로 승자를 가린다고 할 때, 대회에서 이루어지는 총 경기 수를 구해 보시오.

02 친구들의 대화의 진실과 거짓을 보고, 빈칸에 알맞은 숫자를 써넣으시오.

> 정답과 풀이 **29**쪽

03 민지가 슈퍼마켓에서 음료수 16개를 사 가지고 집으로 가는 길에 요술 항아리를 주웠습니다. 이 항아리에 빈 병 5개를 넣으면 새 음료수 2개가 나오고, 빈 병 3개를 넣으면 새 음료수 1개가 나옵니다. 민지는 이 요술 항아리를 이용하여 최대 몇 개의 음료수를 마실 수 있습니까?

04 다은, 서아, 예준, 하윤이가 피구 경기를 하여 다음과 같은 결과가 나왔습니다. 대진표의 빈칸에 알맞은 이름을 써넣으시오.

경기 결과

- 서아는 1회전에서 다은이에게 졌습니다.
- 하윤이는 경기를 한 번만 했습니다.
- 예준이는 다은이에게 이겼습니다.

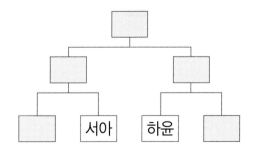

05 혜리, 유주, 승기는 강아지, 독수리, 고슴도치 중 서로 다른 동물을 좋아합니다. 친구들의 대화의 진실과 거짓을 보고, 친구들이 좋아하는 동물을 찾아보시오.

- **혜리**: 승기는 집에서 키울 수 있는 동물을 좋아해. 진실
- **유주**: 혜리는 가시가 있어 만지기 어려운 동물을 좋아하지 않아. 거짓

➡ 혜리: ⬜⬜⬜⬜ , 유주: ⬜⬜⬜⬜ , 승기: ⬜⬜⬜⬜

06 다 쓴 초 2개를 가져오면 새 초 1개로 바꿔 주는 이상한 가게가 있습니다. 이 가게의 초는 2시간을 사용하면 꺼진다고 할 때, 처음에 4개의 초를 샀다면 최대 몇 시간 동안 초를 사용할 수 있습니까? (단, 가게에 다녀오는 시간은 생각하지 않습니다.)

07 ㉮, ㉯, ㉰ 각각의 계산 결과를 비교하여 큰 수부터 차례로 기호를 써 보시오.

> ㉮ 4팀이 토너먼트 방식으로 경기할 때의 경기 수
> ㉯ 4팀이 리그 방식으로 경기할 때의 경기 수
> ㉰ 1, 2, 3, 4 네 장의 숫자 카드로 만들 수 있는 두 자리 수의 개수

08 친구들의 대화의 진실과 거짓을 보고, 빈칸에 1부터 6까지의 숫자를 써넣으시오.

> • **승아**: 가로줄의 가운데에 있는 숫자는 1과 5야. 진실
>
> • **연우**: 6은 3과 같은 줄에 있어. 거짓
>
> • **희준**: 3은 5의 아래쪽 줄의 오른쪽에 있어. 진실
>
> • **혜수**: 4는 1과 같은 줄에 있어. 거짓

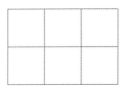

4. 배치하기

대표 문제

대화를 보고 친구들이 앉은 자리를 찾아 이름을 써 보시오.

- **서아**: 나는 빨간색 의자와 마주 보고 앉아 있어.
- **태규**: 나는 은지의 바로 왼쪽에 앉아 있어.
- **정우**: 나는 은지의 바로 오른쪽에 앉아 있어.

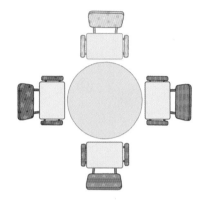

> **STEP 1** 서아의 자리를 찾아 경우1 과 경우2 에 모두 써 보시오.

> **STEP 2** 다음 대화에서 태규와 은지가 앉을 수 있는 자리를 2가지 경우로 나누어 의자에 이름을 써 보시오.

- **태규**: 나는 은지의 바로 왼쪽에 앉아 있어.

> **STEP 3** 경우1 과 경우2 중 정우의 자리로 알맞은 것을 찾아 정우의 이름을 써 보시오.

- **정우**: 나는 은지의 바로 오른쪽에 앉아 있어.

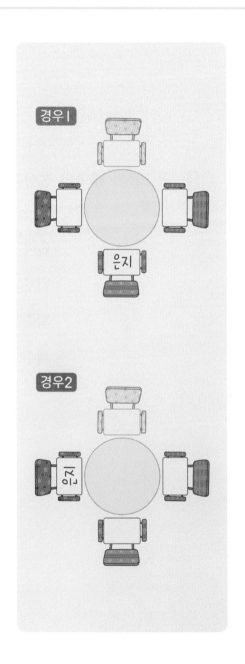

경우1

은지

경우2

은지

01 대화를 보고 친구들이 앉은 자리를 찾아 이름을 써 보시오.

- **다은**: 나와 민우는 보라색 의자에 앉아 있어.
- **영아**: 나는 다은이와 마주 보고 앉아 있어.
- **범수**: 나는 영아의 바로 오른쪽에 앉아 있어.

02 지원이는 4칸으로 구분된 펜꽂이에 연필, 볼펜, 색연필, 샤프를 한 자루씩 꽂아 두려고 합니다. 지원이의 말을 보고, 빈칸에 알맞은 필기구를 써 보시오.

- 연필은 색연필 맞은 편에 둘래.
- 샤프 왼쪽에는 연필을 두어야 자주 쓸 수 있을 것 같아.

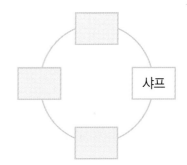

샤프

Lecture ··· 배치하기

수진이의 바로 왼쪽과 바로 오른쪽을 찾을 때는 수진이의 앞이 어느 방향인지에 따라 왼쪽과 오른쪽이 정해집니다.

5. 순서도 해석하기

순서도에서 출력되는 B의 값을 구해 보시오.

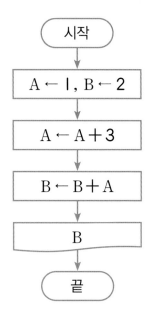

> STEP 1 ㉮에서 A, B의 값을 각각 구해 보시오.

> STEP 2 ㉯에서 A, B의 값을 각각 구해 보시오.

> STEP 3 ㉰에서 A, B의 값을 각각 구해 보시오.

> STEP 4 순서도에서 출력되는 B의 값을 구해 보시오.

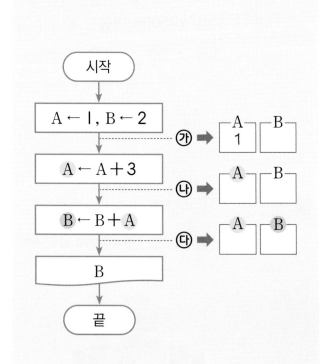

01 순서도에서 출력되는 값을 구해 보시오.

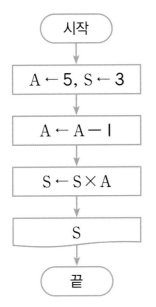

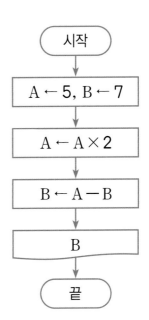

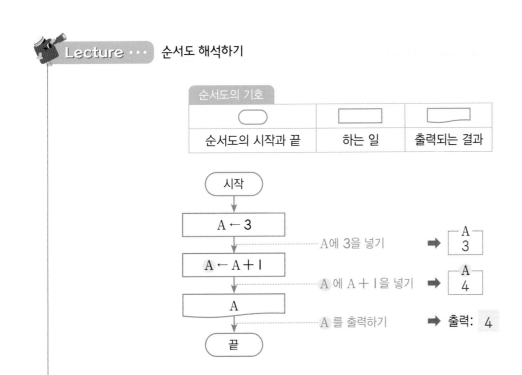

6. 연역표

대표 문제

수진, 준희, 현수는 장미, 무궁화, 개나리 중에서 서로 다른 꽃을 1가지씩 좋아합니다. 문장을 보고, 친구들이 좋아하는 꽃을 알아보시오.

- 준희는 무궁화를 좋아하는 사람과 영화를 보러 갑니다.
- 현수가 좋아하는 꽃 이름은 3글자가 아닙니다.

> **STEP 1** 문장을 보고 알 수 있는 사실을 완성하고, 표 안에 좋아하는 것은 ○, 좋아하지 않는 것은 ✕표 하시오.

	장미	무궁화	개나리
수진			
준희			
현수			

1 표의 ☐ 안에 ○ 또는 ✕표 하기

준희는 무궁화를 좋아하는 사람과 영화를 보러 갑니다.

> **알 수 있는 사실**
> 준희는 무궁화를 (좋아합니다 , 좋아하지 않습니다).

2 표의 ☐ 안에 ○ 또는 ✕표 하기

현수가 좋아하는 꽃 이름은 3글자가 아닙니다.

> **알 수 있는 사실**
> 현수는 (장미 , 무궁화 , 개나리)를 좋아합니다.

> **STEP 2** STEP 1의 표의 남은 칸을 완성하여 친구들이 좋아하는 꽃을 알아보시오.

수진: _____ , 준희: _____ , 현수: _____

01 흰색 고양이, 검은색 고양이, 갈색 고양이가 있습니다. 세 마리의 이름은 각각 아롱이, 다롱이, 나비라고 할 때, 문장을 보고 고양이의 이름을 각각 알아보시오.

- 갈색 고양이의 이름이 가장 짧습니다.
- 다롱이는 검은색 털을 가지고 있지 않습니다.

	아롱이	다롱이	나비
흰색			
검은색			
갈색			

Lecture ··· 연역표

문장을 보고, ▨ 안에 좋아하는 것은 ○, 좋아하지 않는 것은 ✕표로 나타낼 수 있습니다.

- 건호, 성은, 지수는 강아지, 고양이, 햄스터 중 서로 다른 동물을 1가지씩 좋아합니다.
- **건호는 고양이를 좋아합니다.**

	강아지	고양이	햄스터
건호		○	
성은			
지수			

건호는 고양이를 좋아합니다.

➡

	강아지	고양이	햄스터
건호	✕	○	✕
성은			
지수			

건호는 고양이를 좋아하므로 강아지와 햄스터를 좋아하지 않습니다.

➡

	강아지	고양이	햄스터
건호	✕	○	✕
성은		✕	
지수		✕	

건호가 고양이를 좋아하므로 성은이와 지수는 고양이를 좋아하지 않습니다.

01 대화를 보고, 친구들이 앉은 자리를 찾아 이름을 써 보시오.

- **도율**: 나는 규현이 바로 오른쪽에 앉아 있어.
- **하윤**: 나는 소리와 정우 사이에 앉아 있어.
- **소리**: 정우는 규현이 바로 왼쪽에 앉아 있어.

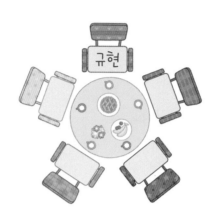

02 순서도에서 출력되는 S의 값을 구해 보시오.

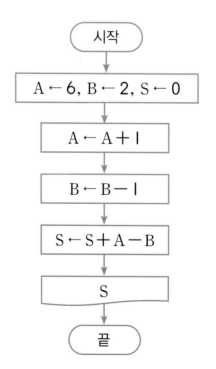

> 정답과 풀이 **34**쪽

03 아기 돼지 3형제가 짚, 나무, 벽돌 중 서로 다른 1가지를 사용하여 집을 지었습니다. 문장을 보고, 표를 이용하여 벽돌로 지은 집은 몇째 돼지의 집인지 알아보시오.

- 늑대가 불을 지르자 첫째 돼지의 집은 활활 타 버렸습니다.
- 둘째 돼지는 무거운 것을 못 들어서 가장 가벼운 재료로 집을 지었습니다.

	짚	나무	벽돌
첫째			
둘째			
셋째			

04 다인, 재윤, 예서, 우현이가 놀이공원에서 그림과 같은 놀이기구를 탔습니다. 문장을 보고, 빈 곳에 친구들의 이름을 써 보시오.

- 지상에서 볼 때, 재윤이와 같은 높이에 예서가 있습니다.
- ✓ 화살표 방향으로 반 바퀴를 돌고 나면 12시 방향에 다인이가 있게 되고, 9시 방향에는 재윤이가 있게 됩니다.

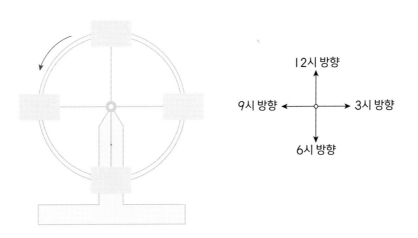

05 서준이는 A, B 두 수의 곱 S를 구하는 순서도를 그렸습니다. 순서도를 완성하고 출력되는 S의 값을 구해 보시오.

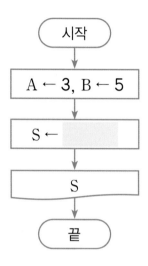

06 수정, 태준, 세미는 2, 5, 7 중 서로 다른 수를 1가지씩 좋아합니다. 문장을 보고, 표를 이용하여 친구들이 좋아하는 수를 알아보시오.

· 세미는 5를 좋아하지 않습니다.
· 태준이는 2를 좋아하는 친구와 친합니다.
· 수정이는 홀수를 좋아하지 않습니다.

	2	5	7
수정			
태준			
세미			

07 놀이공원의 입장 요금을 구하는 순서도입니다. 입장 요금표를 완성해 보시오.

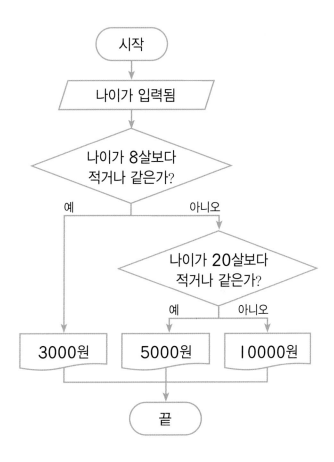

놀이공원 입장 요금표

분류			입장 요금
나이가 　　　 살보다 적거나 같은 경우			원
나이가 　　　 살보다 많고, 　　　 살보다 적거나 같은 경우			원
나이가 　　　 살보다 많은 경우			원

* Perfect 경시대회 *

01 대화를 보고, 유주, 태리, 시아, 재우, 승현이가 앉은 자리를 찾아 이름을 써 보시오.

- **유주:** 나는 노란색 의자에 앉아 있어.
- **태리:** 나는 시아의 바로 오른쪽에 앉아 있어.
- **재우:** 내 바로 옆자리에는 유주와 시아가 있어.

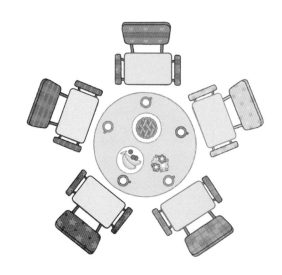

02 다연, 민희, 준서는 빨간색, 파란색, 노란색, 초록색 중 2가지 색깔을 좋아합니다. 민희가 좋아하는 2가지 색깔은 무엇인지 써 보시오.

- 민희와 준서는 빨간색을 좋아하지 않습니다.
- 노란색을 좋아하는 사람은 다연이와 준서입니다.
- 빨간색과 초록색을 좋아하는 사람은 각각 1명입니다.

03 채윤이는 A, B, C 세 수의 합 S를 구하는 순서도를 그렸습니다. 순서도를 완성해 보시오.

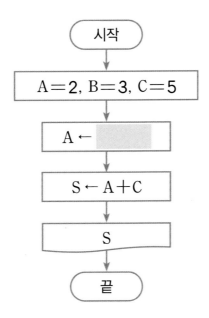

Key Point

S는 A＋B＋C입니다.
S ← A＋C에서 A가 무엇이어야
하는지 생각해 봅니다.

04 가게에 빈 병 5개를 가져가면 새 음료수 2개로 바꿔 주고, 빈 병 4개를 가져가면 새 음료수 1개로 바꿔 줍니다. 음료수 15개를 마시기 위해서는 처음에 적어도 음료수를 몇 개 사야 합니까?

바꾸는 방법 1

바꾸는 방법2

* Challenge 영재교육원 *

01 다음과 같이 토너먼트 방식으로 경기할 때 물음에 답해 보시오.

(1) 서로 다른 방법으로 합리적인 토너먼트 대진표를 만들어 보고, 총 경기 수를 구해 보시오.

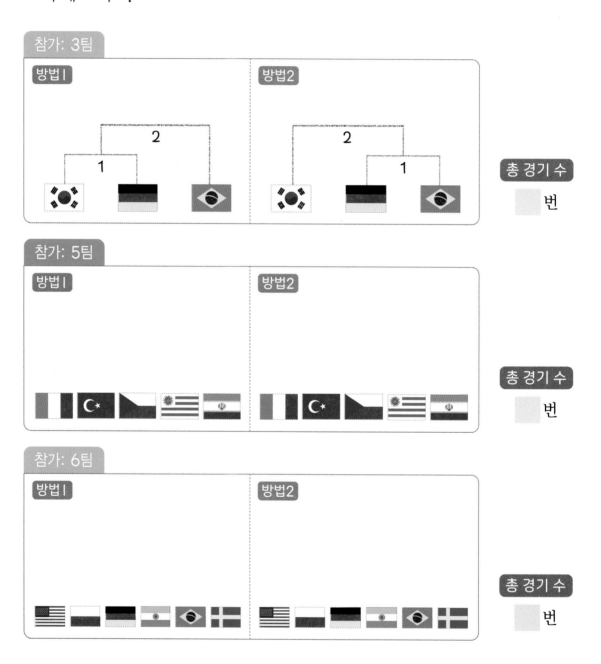

(2) 총 경기 수를 구하는 방법을 완성해 보시오.

> 토너먼트 경기 수   (총 경기 수)＝(참가한 팀의 수)－ ▢

> 정답과 풀이 37쪽

02 1부터 5까지의 수가 한 번씩 쓰여 있는 카드 5장을 섞어 놓았습니다. 각 카드에 쓰여 있는 수를 찾아 빈 곳에 써넣으시오.

- 하늘색 카드에 쓰여 있는 수의 합은 7입니다.
- 왼쪽에서 둘째 번과 셋째 번 카드에 쓰여 있는 수의 합은 4입니다.
- 왼쪽에서 첫째 번과 셋째 번 카드에 쓰여 있는 수의 합은 6입니다.

- 왼쪽에서 첫째 번과 둘째 번 카드에 쓰여 있는 수의 합은 3입니다.
- 보라색 카드와 하늘색 카드에 쓰여 있는 수의 합은 6입니다.
- 연두색 카드에 쓰여 있는 수의 합은 5입니다.

MEMO

영재학급, 영재교육원,
경시대회 준비를 위한

창의사고력
초등수학

팩토

형성 평가
─────
총괄 평가

Lv.2
응용 C

형성평가

연산 영역

시험일시	년 월 일
이 름	

권장 시험 시간 **30분**

✔ 총 문항 수(10문항)를 확인해 주세요.

✔ 권장 시험 시간(30분) 안에 문제를 풀어 주세요.

✔ 문제를 정확히 읽고 답을 바르게 쓰세요.

✔ 잘 풀리지 않는 문제가 있으면 쉬운 문제부터 해결한 후 다시 도전해 보세요.

01 수 카드 ③, ④, ⑥, ⑧ 중 3장을 사용하여 계산 결과가 10이 되도록 만들려고 합니다. 빈 곳에 알맞은 수를 써넣으시오.

$$\square - \square + \square = 10$$

02 주어진 숫자 카드를 한 번씩만 사용하여 계산 결과가 100에 가장 가까운 덧셈식을 만들어 보시오.

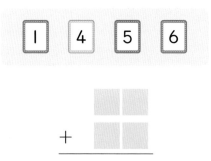

다음은 1부터 8까지의 숫자를 한 번씩만 사용하여 만든 덧셈식입니다. ▨ 안에 알맞은 숫자를 써넣어 식을 완성해 보시오.

$$
\begin{array}{r}
\boxed{}\ 7\ \boxed{} \\
+\ \boxed{}\ 3 \\
\hline
6\ \boxed{}\ \boxed{}
\end{array}
$$

오른쪽과 아래쪽에 있는 수는 각 줄의 모양이 나타내는 수들의 합입니다. 빈칸에 알맞은 수를 써넣으시오. (단, 같은 모양은 같은 수를, 다른 모양은 다른 수를 나타냅니다.)

●	◆	●	19
▲	◆	▲	
★	◆	▲	15
	15	25	

05 ▨ 안에 1부터 7까지의 숫자를 한 번씩만 써넣어 다음 식을 만들 때, 계산 결과가 가장 작을 때의 값을 구해 보시오.

06 주어진 숫자 카드를 한 번씩만 사용하여 다음 뺄셈식을 완성해 보시오.

$$
\begin{array}{r}
\boxed{}\,\boxed{} \\
-\ 3\,\boxed{} \\
\hline
\boxed{}\,9
\end{array}
$$

07 다음 덧셈식에서 ㉮ — ㉰의 값을 구해 보시오. (단, 같은 문자는 같은 숫자를, 다른 문자는 다른 숫자를 나타냅니다.)

$$
\begin{array}{r}
㉮\ ㉯ \\
+\ ㉯\ ㉰ \\
\hline
9\ 8
\end{array}
$$

08 다음 식에서 ▲, ◆, ♥이 나타내는 수를 각각 구하시오. (단, 같은 모양은 같은 수를, 다른 모양은 다른 수를 나타냅니다.)

$$
▲ + ◆ = 25
$$
$$
◆ - ♥ = 8
$$
$$
▲ + ◆ - ♥ = 19
$$

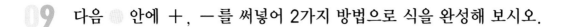

09 다음 ● 안에 ＋, ― 를 써넣어 2가지 방법으로 식을 완성해 보시오.

방법1 10 ● 8 ● 6 ● 4 ● 2 ＝ 10

방법2 10 ● 8 ● 6 ● 4 ● 2 ＝ 10

10 다음 식에서 ◆이 ●보다 큰 수일 때 ◆, ●, ▲이 나타내는 숫자를 각각 구해 보시오. (단, 같은 모양은 같은 숫자를, 다른 모양은 다른 숫자를 나타냅니다.)

$$
\begin{array}{r}
◆\ ● \\
◆\ ● \\
+\ ◆\ ● \\
\hline
▲\ ▲\ ▲
\end{array}
$$

수고하셨습니다!

정답과 풀이 38쪽 ▶

Lv.2 응용 C

형성평가

공간 영역

시험일시 | 년   월   일

이 름 |

권장 시험 시간 30분

✔ 총 문항 수(10문항)를 확인해 주세요.

✔ 권장 시험 시간(30분) 안에 문제를 풀어 주세요.

✔ 문제를 정확히 읽고 답을 바르게 쓰세요.

✔ 잘 풀리지 않는 문제가 있으면 쉬운 문제부터 해결한 후 다시 도전해 보세요.

01 다음 모양을 만들기 위해 필요한 ㉮, ㉯ 블록은 각각 몇 개인지 구해 보시오.

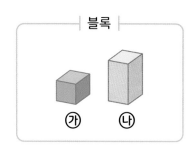

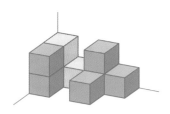

02 블록으로 쌓은 모양을 보고, 위, 앞, 옆에서 본 모양을 그린 후 각 칸에 알맞은 색깔을 써 보시오. (단, 노랑은 '노', 보라는 '보', 연두는 '연', 파랑은 '파'로 써 보시오.)

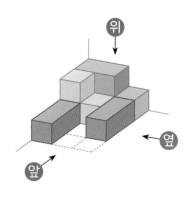

| 위에서 본 모양 | 앞에서 본 모양 | 옆에서 본 모양 |

03 다음 중 <u>다른</u> 주사위 한 개를 찾아 기호를 써 보시오. (단, 주사위의 마주 보는 두 면의 눈의 수의 합은 7입니다.)

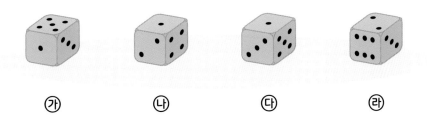

04 서로 다른 3개의 조각으로 만든 모양을 보고 나머지 2개의 조각을 찾아 기호를 써 보시오.

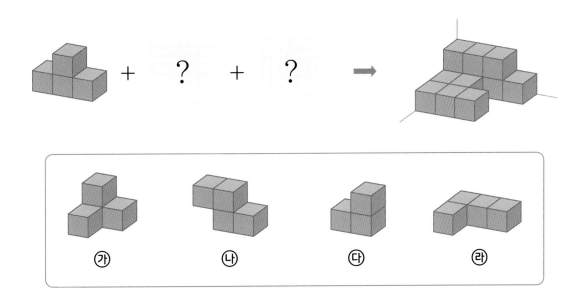

05 구멍 뚫린 색종이 3장을 겹친 모양을 보고 가장 위에 있는 색종이부터 차례로 1, 2, 3을 써 보시오. (단, 주어진 색종이를 돌리거나 뒤집지 않습니다.)

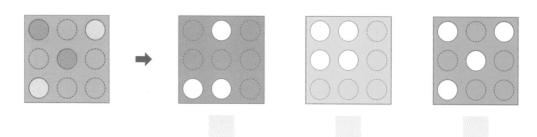

06 다음과 같이 색종이를 2번 접어 검은색으로 칠한 부분을 잘랐습니다. 색종이를 펼쳤을 때 잘려진 부분에 색칠해 보시오.

07 다음 모양을 만들기 위해 필요한 ㉮, ㉯ 블록은 각각 몇 개인지 구해 보시오.

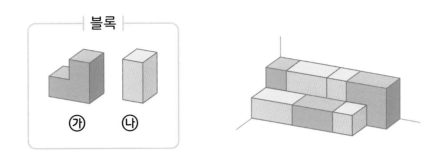

08 구멍 뚫린 색종이 3장을 겹친 후 다음 종이 위에 올려놓을 때, 보이는 번호를 모두 찾아 써 보시오. (단, 주어진 색종이를 돌리거나 뒤집지 않습니다.)

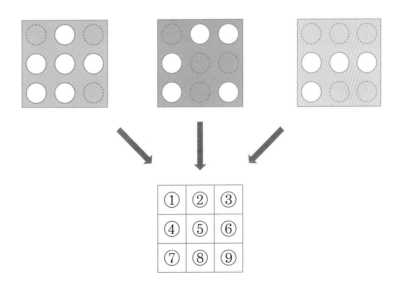

09 색종이를 2번 접은 후 잘랐습니다. 펼친 모양이 오른쪽과 같을 때 접은 모양에 자른 부분을 색칠해 보시오.

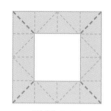

펼친 모양

접은 모양

10 다음 모양을 만들기 위해 필요한 ㉮, ㉯, ㉰ 블록은 각각 몇 개인지 구해 보시오.

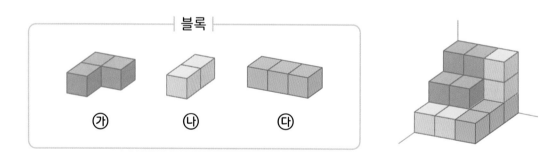

수고하셨습니다!

정답과 풀이 **41쪽** ▶

형성평가

논리추론 영역

시험일시	년 월 일
이 름	

권장 시험 시간 30분

- ✔ 총 문항 수(10문항)를 확인해 주세요.

- ✔ 권장 시험 시간(30분) 안에 문제를 풀어 주세요.

- ✔ 문제를 정확히 읽고 답을 바르게 쓰세요.

- ✔ 잘 풀리지 않는 문제가 있으면 쉬운 문제부터 해결한 후 다시 도전해 보세요.

01 하율이네 학교에서 6개 반이 줄다리기 경기를 하려고 합니다. 리그 방식으로 경기를 한다면 토너먼트 방식으로 경기를 할 때보다 몇 번 더 경기를 해야 하는지 구해 보시오.

02 친구들의 대화의 진실과 거짓을 보고, 공을 잃어버린 범인 1명을 찾아보시오.

 이준: 윤호가 공을 잃어버렸어. 거짓

 주하: 나는 누가 공을 잃어버렸는지 몰라. 거짓

 윤호: 이준이는 공을 잃어버리지 않았어. 진실

03 가게에 빈 병 3개를 가져가면 음료수 1개로 바꿔 준다고 합니다. 서하가 음료수 11개를 샀을 때, 마실 수 있는 음료수의 최대 개수를 구해 보시오.

04 대화를 보고, 친구들이 앉은 자리를 찾아 이름을 써 보시오.

- **지희**: 나와 서현이는 노란색 의자에 앉아 있어.
- **서현**: 나는 노아와 마주 보고 앉아 있어.
- **노아**: 나는 성윤이의 바로 왼쪽에 앉아 있어.

05 순서도에서 출력되는 B의 값을 구해 보시오.

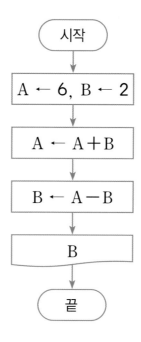

06 단팥빵, 초코빵, 크림빵이 각각 1개씩 있습니다. 이한, 민서, 지우는 좋아하는 빵을 골라 1개씩 먹었습니다. 문장을 보고, 표를 이용하여 지우가 먹은 빵은 무엇인지 알아보시오.

- 이한이는 단팥빵을 좋아합니다.
- 민서는 초코빵을 좋아하는 사람과 친합니다.

	단팥빵	초코빵	크림빵
이한			
민서			
지우			

07 다윤, 민준, 도율, 채원이가 탁구 경기를 하여 다음과 같은 결과가 나왔습니다. 대진표의 빈칸에 알맞은 이름을 써넣으시오.

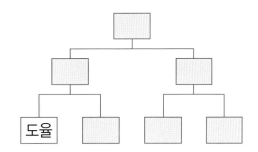

경기 결과

- 도율이는 1회전에서 민준이에게 졌습니다.
- 민준이는 채원이에게 졌습니다.
- 다윤이는 경기를 한 번만 했습니다.

08 준수네 학교 매점에서 빈 음료수 병 3개를 가져가면 새 음료수 1개를 주고, 빈 음료수 병 4개를 가져가면 새 음료수 2개를 주는 행사를 하고 있습니다. 준수는 친구들과 한 개씩 나누어 마시기 위해 음료수 13개를 샀습니다. 실제로 음료수를 마실 수 있는 사람은 모두 몇 명입니까?

09 키즈 카페의 이용료를 구하는 순서도입니다. 회원이 아닌 윤하가 1시간 동안 이용했을 때, 이용료를 구해 보시오.

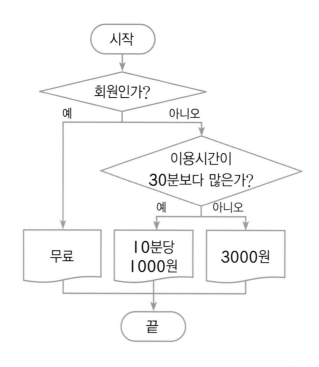

10 장미, 국화, 카네이션이 1송이씩 있습니다. 준서, 도현, 시아는 각각 다른 꽃을 골라 부모님께 선물했습니다. 문장을 보고, 표를 이용하여 카네이션을 선물한 사람은 누구인지 알아보시오.

- 시아가 선물한 꽃의 이름은 2글자입니다.
- 도현이의 부모님과 시아의 부모님은 국화를 좋아하지 않습니다.

	장미	국화	카네이션
준서			
도현			
시아			

수고하셨습니다!

정답과 풀이 44쪽

총괄평가

 Lv. ❷ 응용 C

권장 시험 시간	30분

시험일시 | 년   월   일

이   름 |

✔ 총 문항 수(10문항)를 확인해 주세요.

✔ 권장 시험 시간(30분) 안에 문제를 풀어 주세요.

✔ 문제를 정확히 읽고 답을 바르게 쓰세요.

✔ 잘 풀리지 않는 문제가 있으면 쉬운 문제부터 해결한 후 다시 도전해 보세요.

01 3부터 8까지의 숫자를 모두 사용하여 다음 식을 만들 때, 계산 결과가 가장 클 때의 값을 구해 보시오.

02 다음 식에서 ♣, ●, ■이 나타내는 숫자의 합을 구해 보시오. (단, 같은 모양은 같은 숫자를, 다른 모양은 다른 숫자를 나타냅니다.)

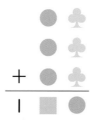

03 ◆=4일 때, ★의 값을 구해 보시오. (단, 같은 모양은 같은 수를, 다른 모양은 다른 수를 나타냅니다.)

$$◆ + ◆ + ◆ = ●$$
$$◆ + ● = ▲$$
$$● + ♥ - ▲ = ◆$$
$$♥ - ◆ + ▲ = ★$$

04 주어진 주사위를 굴렸을 때 분홍색으로 칠한 면의 눈의 수를 구해 보시오. (단, 주사위의 마주 보는 두 면의 눈의 수의 합은 7입니다.)

굴리기 전 주사위　　　　　굴린 후 주사위

05 다음 모양을 만들기 위해 필요한 ㉮, ㉯, ㉰ 블록은 각각 몇 개인지 구해 보시오.

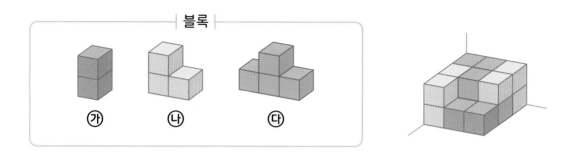

06 색종이를 2번 접은 후 잘랐습니다. 펼친 모양이 오른쪽과 같을 때
접은 모양에 자른 부분을 색칠해 보시오.

펼친 모양

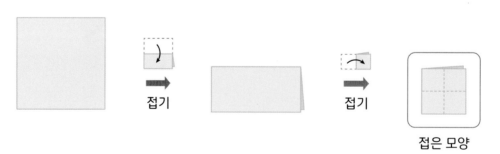

07 친구들의 대화의 진실과 거짓을 보고, 친구 3명 중 숙제를 안 한 사람 1명을 찾아보시오.

- **민준**: 서희는 숙제를 했어. 진실
- **지유**: 민준이는 숙제를 하지 않았어. 거짓
- **서희**: 지유는 숙제를 했어. 거짓

08 규칙 에 맞도록 빈칸에 1부터 6까지의 수를 한 번씩 써넣으시오.

규칙

- 세로줄의 가운데에 있는 수는 2와 4입니다.
- 5는 3의 왼쪽에 있습니다.
- 6은 4의 아래에 있습니다.
- 5는 1과 서로 다른 줄에 있습니다.

09 순서도에서 출력되는 S의 값을 구해 보시오.

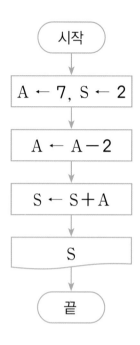

10 도윤, 예준, 이한이는 축구, 야구, 테니스 중에서 서로 다른 운동을 1가지씩 좋아합니다. 문장을 보고, 표를 이용하여 친구들이 좋아하는 운동을 알아보시오.

• 도윤이는 축구를 좋아하는 사람과 영화를 보러 갑니다.
• 이한이가 좋아하는 운동 이름은 2글자가 아닙니다.

	축구	야구	테니스
도윤			
예준			
이한			

수고하셨습니다!

정답과 풀이 47쪽 ▶

창의사고력 초등수학
팩토

영재학급, 영재교육원,
경시대회 준비를 위한

창의사고력
초등수학

팩토

명확한 답
친절한 풀이

Lv. 2
응용 C

영재학급, 영재교육원,
경시대회 준비를 위한

창의사고력
초등수학
팩토

명확한 **답**
친절한 **풀이**

Lv. **2**

응용 **C**

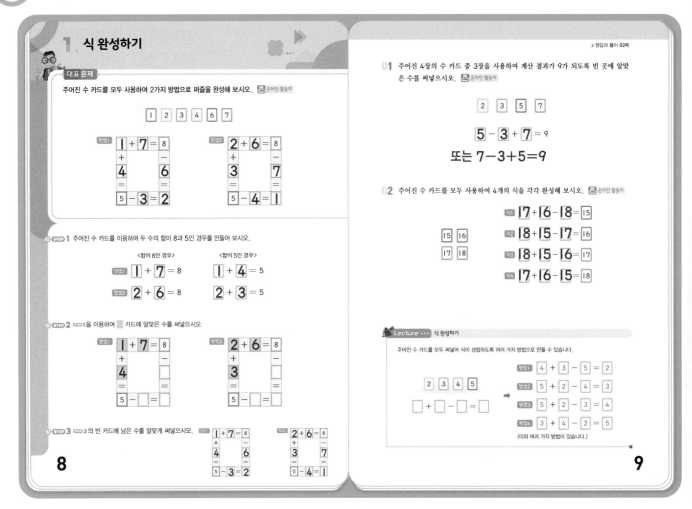

대표 문제

STEP 2 합이 8인 두 수는 1과 7, 2와 6이고,
합이 5인 두 수는 1과 4, 2와 3입니다.
식이 성립하도록 알맞은 수를 써넣습니다.

01 □－□＋□＝9 ➡ □＋□＝9

먼저 두 수의 합이 9가 되는 경우를 찾고,
두 수의 차가 그중 한 개의 수가 되는 경우를 찾습니다.

➡ 1＋8＝9, 2＋7＝9, 3＋6＝9, 4＋5＝9
   ↳ 5－3   ↳ 7－3

5 － 3 ＋ 7 ＝ 9 또는 7 － 3 ＋ 5 ＝ 9

02 **TIP** 각 덧셈식에 쓰인 수의 위치를 바꾸어도 정답입니다.

2. 가장 큰 값, 가장 작은 값

대표 문제

주어진 숫자 카드 중 5장을 사용하여 계산 결과가 400에 가장 가까운 덧셈식을 만들어 보시오.
🖥 온라인 활동지

0 1 2 3 4 5

$$\begin{array}{r} 3\;5\;2 \\ +\quad 4\;1 \\ \hline 3\;9\;3 \end{array}$$

▶ **STEP 1** 덧셈 결과가 400에 가장 가까운 수를 만들기 위해서 백의 자리에 들어갈 수 있는 수를 써 보시오. **3, 4**

▶ **STEP 2** 백의 자리 숫자가 4일 때 나머지 (두 자리 수)+(두 자리 수)는 0에 가깝게 만들어야 합니다. 계산 결과가 400에 가까운 식을 만들어 보시오.
예시답안
$$\begin{array}{r} 4\;0\;2 \\ +\quad 1\;3 \\ \hline 4\;1\;5 \end{array}$$

▶ **STEP 3** 백의 자리 숫자가 3일 때 나머지 (두 자리 수)+(두 자리 수)는 100에 가깝게 만들어야 합니다. 계산 결과가 400에 가까운 식을 만들어 보시오.
예시답안
$$\begin{array}{r} 3\;5\;2 \\ +\quad 4\;1 \\ \hline 3\;9\;3 \end{array}$$

▶ **STEP 4** 위의 STEP2, STEP3 중에서 계산 결과가 400에 더 가까운 덧셈식을 써 보시오.
예시답안
$$\begin{array}{r} 3\;5\;2 \\ +\quad 4\;1 \\ \hline 3\;9\;3 \end{array}$$

10

01 ☐ 안에 1부터 5까지의 숫자를 모두 써넣어 다음 식을 만들 때, 계산 결과가 가장 클 때의 값을 구하시오. 🖥 온라인 활동지   **45**

☐ ☐ + ☐ ☐ − ☐ ☐

02 주어진 숫자 카드를 모두 사용하여 계산 결과가 200에 가장 가까운 뺄셈식을 2가지 방법으로 만들어 보시오. 🖥 온라인 활동지

1 2 3 4 5

방법1
$$\begin{array}{r} 2\;4\;1 \\ -\quad 3\;5 \\ \hline 2\;0\;6 \end{array}$$

방법2
$$\begin{array}{r} 2\;3\;5 \\ -\quad 4\;1 \\ \hline 1\;9\;4 \end{array}$$

11

대표 문제

STEP 1 계산 결과가 400에 가장 가까운 덧셈식을 만들기 위해서는 백의 자리에 3을 넣어 399에 가까운 수를 만들거나 4를 넣어 400에 가까운 수를 만들어야 합니다.

STEP 2 백의 자리 숫자가 4일 때, 두 자리 수의 합은 0에 가까워야 합니다.
따라서 십의 자리 숫자는 0과 1이고, 일의 자리 숫자는 2와 3입니다.

$$\begin{array}{r} 4\;0\;2 \\ +\quad 1\;3 \\ \hline 4\;1\;5 \end{array} \text{또는} \begin{array}{r} 4\;0\;3 \\ +\quad 1\;2 \\ \hline 4\;1\;5 \end{array}$$

STEP 3 백의 자리 숫자가 3일 때, 두 자리 수의 합은 100에 가까워야 합니다.
따라서 십의 자리 숫자는 5와 4이고, 일의 자리 숫자는 2와 1입니다.

$$\begin{array}{r} 3\;5\;2 \\ +\quad 4\;1 \\ \hline 3\;9\;3 \end{array} \text{또는} \begin{array}{r} 3\;5\;1 \\ +\quad 4\;2 \\ \hline 3\;9\;3 \end{array}$$

$$\text{또는} \begin{array}{r} 3\;4\;2 \\ +\quad 5\;1 \\ \hline 3\;9\;3 \end{array} \text{또는} \begin{array}{r} 3\;4\;1 \\ +\quad 5\;2 \\ \hline 3\;9\;3 \end{array}$$

STEP 4 계산 결과가 400에 더 가까운 덧셈식은 415−400=15, 400−393=7이므로 352+41=393입니다.

$$\begin{array}{r} 3\;5\;2 \\ +\quad 4\;1 \\ \hline 3\;9\;3 \end{array} \text{또는} \begin{array}{r} 3\;5\;1 \\ +\quad 4\;2 \\ \hline 3\;9\;3 \end{array}$$

$$\text{또는} \begin{array}{r} 3\;4\;2 \\ +\quad 5\;1 \\ \hline 3\;9\;3 \end{array} \text{또는} \begin{array}{r} 3\;4\;1 \\ +\quad 5\;2 \\ \hline 3\;9\;3 \end{array}$$

01 계산 결과가 가장 크려면 빼는 수가 1, 2, 3, 4, 5로 만들 수 있는 두 자리 수 중에서 가장 작은 수인 12가 되어야 합니다. 남은 3개의 수 3, 4, 5로 합이 가장 큰 (두 자리 수)+(한 자리 수)를 만듭니다.
➡ 54+3−12=45 또는 53+4−12=45

02 200에 가장 가까운 뺄셈식을 만들기 위해서는 백의 자리에 1을 넣어 199에 가까운 수를 만들거나 2를 넣어 200에 가까운 수를 만듭니다.

Ⅰ 연산

3. 벌레 먹은 셈

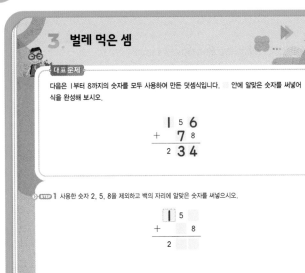

대표 문제

다음은 1부터 8까지의 숫자를 모두 사용하여 만든 덧셈식입니다. ☐ 안에 알맞은 숫자를 써넣어 식을 완성해 보시오.

$$
\begin{array}{r}
1\ {}^{5}6 \\
+\ 7\ {}^{8} \\
\hline
2\ 3\ 4
\end{array}
$$

> **STEP 1** 사용한 숫자 2, 5, 8을 제외하고 백의 자리에 알맞은 숫자를 써넣으시오.

$$
\begin{array}{r}
1\ {}^{5} \\
+\ {}^{8} \\
\hline
2
\end{array}
$$

> **STEP 2** STEP1에서 사용하고 남은 숫자 중 일의 자리에 알맞은 숫자를 써넣으시오.

$$
\begin{array}{r}
1\ {}^{5}6 \\
+\ {}^{8} \\
\hline
2\ 4
\end{array}
$$

> **STEP 3** STEP1과 STEP2에서 사용하고 남은 숫자를 알맞게 써넣어 식을 완성해 보시오.

$$
\begin{array}{r}
1\ {}^{5}6 \\
+\ 7\ {}^{8} \\
\hline
2\ 3\ 4
\end{array}
$$

12

> 정답과 풀이 04쪽

01 주어진 숫자 카드를 모두 사용하여 다음 뺄셈식을 완성해 보시오.

☐1☐ ☐4☐ ☐5☐ ☐7☐

02 ☐ 안에 알맞은 숫자를 써넣어 2가지 방법으로 식을 완성해 보시오.

13

대표 문제

STEP 1 계산 결과 백의 자리 수가 2이므로 더해지는 수의 백의 자리는 2가 올 수 없게 되어 1을 넣어야 합니다.

STEP 2 더해지는 수의 일의 자리에 3, 4, 7을 넣으면 일의 자리 계산 결과가 다른 자리에 쓰인 수와 중복되므로 넣을 수 없습니다.
따라서 더해지는 수의 일의 자리 숫자는 6이고, 계산 결과의 일의 자리 숫자는 4입니다.

STEP 3 남은 수 3과 7을 알맞은 위치에 써넣습니다.

01 뺄셈식을 덧셈식으로 바꾸어 생각합니다.

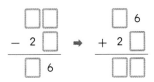

더하는 수 2☐의 일의 자리에는 1 또는 5가 들어갈 수 있습니다. 2☐의 일의 자리가 1일 때 나머지 십의 자리를 완성할 수 없습니다.
따라서 2☐의 일의 자리는 5이고 나머지 ☐ 안에 알맞은 수를 써넣으면 다음과 같습니다.

$$
\begin{array}{r}
4\ 6 \\
+\ 2\ 5 \\
\hline
7\ 1
\end{array}
$$

02
$$
\begin{array}{r}
1\ ⑦ \\
+\ ⑭\ 8 \\
\hline
⑪\ ⑭\ 4
\end{array}
$$

(두 자리 수)＋(두 자리 수)＝(세 자리 수)이므로 ⑪＝1입니다.
⑦＋8＝14이므로 ⑦＝6입니다.
1＋1＋⑭＝1⑭이므로 ⑭은 8 또는 9이고, ⑭는 0 또는 1입니다.

01 ☐ 안에 알맞은 수를 써넣어 식을 완성해 보시오. (단, ☐ 안의 수는 모두 같습니다.)

$$33 - 5 - 5 - 5 = 8 + 5 + 5$$

02 1부터 6까지의 숫자를 모두 써넣어 다음 식을 만들 때, 계산 결과가 가장 클 때의 값을 구하시오. 105

☐☐ + ☐☐ − ☐☐

> 정답과 풀이 05쪽

03 ☐ 안에 1부터 6까지의 숫자를 모두 써넣어 보기 와 같이 식을 완성해 보시오.

04 계산기로 다음과 같이 계산할 때 ➕ 버튼을 한 번 누르지 않아 계산 결과가 75가 나왔습니다. 누르지 않은 ➕ 버튼에 ○표 하시오.

Key Point
9와 8 또는 8과 1 사이의 ➕ 를 누르지 않으면 90 또는 81이 되므로 합이 75보다 크게 됩니다.

14

15

01
① ☐ = 1일 때,
33 − 1 − 1 − 1 = 8 + 1 + 1, 30 = 10 (×)

② ☐ = 2일 때,
33 − 2 − 2 − 2 = 8 + 2 + 2, 27 = 12 (×)

③ ☐ = 3일 때,
33 − 3 − 3 − 3 = 8 + 3 + 3, 24 = 14 (×)

④ ☐ = 4일 때,
33 − 4 − 4 − 4 = 8 + 4 + 4, 21 = 16 (×)

⑤ ☐ = 5일 때,
33 − 5 − 5 − 5 = 8 + 5 + 5, 18 = 18 (○)

따라서 ☐ 안의 수는 5입니다.

02 계산 결과가 가장 크게 하려면 더해지는 수와 더하는 수는 크게, 빼는 수는 가장 작게 만들어야 합니다. 1부터 6까지의 수로 만들 수 있는 가장 작은 두 자리 수는 12입니다.
3, 4, 5, 6으로 (두 자리 수) + (두 자리 수)의 합을 가장 크게 하려면 십의 자리에는 큰 수가, 일의 자리에는 작은 수가 와야 합니다. 그러므로 더하는 두 수는 64와 53 또는 63과 54입니다.
따라서 계산 결과가 가장 크게 되도록 식을 만들면
64 + 53 − 12 = 105 또는 63 + 54 − 12 = 105입니다.

03 ☐ 안에 1부터 6까지의 수를 한 번씩만 써넣어야 하므로
9 × ☐ = ☐☐ 에 들어갈 수 있는 수는 9 × 4 = 36 또는
9 × 6 = 54로 두 가지입니다.
계산 결과는 다음과 같습니다.

```
      9              9
   ×  4           ×  6
  ─────          ─────
     3 6            5 4
   + 8 9          + 8 9
  ─────          ─────
   1 2 5          1 4 3
    (○)            (×)
```

04 더해서 75가 되려면 수 사이의 ➕ 버튼을 누르지 않았을 때 75보다 큰 수가 만들어지면 안 됩니다.
35 + 9 + 8 + 1 + 4 = 57 (×)
3 + 59 + 8 + 1 + 4 = 75 (○)
3 + 5 + 9 + 8 + 14 = 39 (×)

• Creative 팩토 •

▶ 정답과 풀이 06쪽

05 1부터 9까지의 숫자를 모두 사용하여 주어진 2개의 식이 모두 성립 되게 하려고 합니다. 안에 알맞게 수를 써넣어 식을 완성해 보시오. (단, 1, 2, 5는 이미 사용하였습니다.)

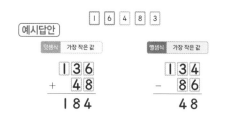

$6 \times 9 = {}_5 4$ 또는 $9 \times 6 = 54$
$12 + 3 = 7 + 8$

06 주어진 숫자 카드를 한 번씩만 사용하여 계산 결과가 가장 작은 덧셈식과 뺄셈식을 각각 만들어 보시오.

| 1 | 6 | 4 | 8 | 3 |

예시답안

덧셈식 가장 작은 값

$$\begin{array}{r} 1\,3\,6 \\ +\ \ 4\,8 \\ \hline 1\,8\,4 \end{array}$$

뺄셈식 가장 작은 값

$$\begin{array}{r} 1\,3\,4 \\ -\ \ 8\,6 \\ \hline 4\,8 \end{array}$$

07 다음 식의 안에 들어갈 수 있는 4개의 숫자의 합을 구하시오. **31**

$$\begin{array}{r} \square\square \\ +\ \square\square \\ \hline 1\,9\,3 \end{array}$$

08 찢어진 종이에 적힌 2개의 세 자리 수의 합과 차가 다음과 같습니다. 찢어진 종이에 적힌 두 수를 구하시오. (단, 종이에 적힌 두 수는 같습니다.) **536, 287**

16

17

---

05 1, 2, 5는 이미 넣었으므로 나머지 수 3, 4, 6, 7, 8, 9를 넣어 식을 완성합니다.
곱해서 5 가 되는 두 수는 $6 \times 9 = 54$에서 6과 9 또는 $7 \times 8 = 56$에서 7과 8입니다.
$6 \times 9 = 54$에서 나머지 수 3, 7, 8을
$12 + \square = \square + \square$이 성립하도록 넣으면 $12 + 3 = 7 + 8$입니다.
$7 \times 8 = 56$에서 나머지 수 3, 4, 9는
$12 + \square = \square + \square$ 가 성립하도록 넣을 수 없습니다.

06 (세 자리 수)+(두 자리 수)의 계산 결과를 가장 작게 하려면 백의 자리부터 작은 수를 순서대로 넣습니다.

$$\begin{array}{r} 1\,3\,6 \\ +\ \ 4\,8 \\ \hline 1\,8\,4 \end{array} \text{ 또는 } \begin{array}{r} 1\,3\,8 \\ +\ \ 4\,6 \\ \hline 1\,8\,4 \end{array}$$

$$\text{또는 } \begin{array}{r} 1\,4\,6 \\ +\ \ 3\,8 \\ \hline 1\,8\,4 \end{array} \text{ 또는 } \begin{array}{r} 1\,4\,8 \\ +\ \ 3\,6 \\ \hline 1\,8\,4 \end{array}$$

(세 자리 수)−(두 자리 수)의 차를 가장 작게 하려면 빼어지는 세 자리 수는 가장 작게, 빼는 두 자리 수는 가장 크게 만듭니다.

$$\begin{array}{r} 1\,3\,4 \\ -\ \ 8\,6 \\ \hline 4\,8 \end{array}$$

07 십의 자리 계산에서 합은 19가 될 수 없으므로 일의 자리 계산에서 받아올림이 있는 덧셈입니다.
따라서 십의 자리 수의 합은 18, 일의 자리 수의 합은 13이므로 안에 들어갈 수 있는 4개의 수의 합은 $18 + 13 = 31$입니다.

08

$$\begin{array}{r} ㉰\,3\,㉮ \\ +\ ㉳\,㉯\,7 \\ \hline 8\,2\,3 \end{array}$$

㉮$+7 = 13$, ㉮$= 6$
$1 + 3 + ㉯ = 12$, ㉯$= 8$
$1 + ㉰ + ㉳ = 8$, ㉰$+ ㉳ = 7$

$$\begin{array}{r} ㉰\,3\,6 \\ -\ ㉳\,8\,7 \\ \hline 2\,4\,9 \end{array}$$

㉰$-1 - ㉳ = 2$, ㉰$- ㉳ = 3$

합이 7인 두 수는 (1, 6), (2, 5), (3, 4)이고, 이 중에서 차가 3인 두 수는 2와 5이므로 ㉰$= 5$, ㉳$= 2$입니다.
따라서 종이에 적힌 두 수는 536, 287입니다.

4. 복면산

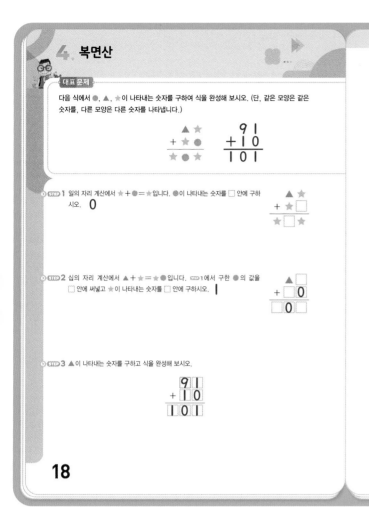

대표 문제

다음 식에서 ●, ▲, ★이 나타내는 숫자를 구하여 식을 완성해 보시오. (단, 같은 모양은 같은 숫자를, 다른 모양은 다른 숫자를 나타냅니다.)

```
  ▲ ★          9 1
+ ★ ●        + 1 0
─────        ─────
★ ● ★        1 0 1
```

STEP 1 일의 자리 계산에서 ★+●=★입니다. ●이 나타내는 숫자를 □ 안에 구하시오. **0**

```
  ▲ ★
+ ★ □
─────
★ □ ★
```

STEP 2 십의 자리 계산에서 ▲+★=★●입니다. STEP 1에서 구한 ●의 값을 □ 안에 써넣고 ★이 나타내는 숫자를 □ 안에 구하시오. **1**

```
  ▲ □
+ □ 0
─────
□ 0 □
```

STEP 3 ▲이 나타내는 숫자를 구하고 식을 완성해 보시오.

```
  9 1
+ 1 0
─────
1 0 1
```

01 다음 식에서 ♠, ★, ♥이 나타내는 숫자를 각각 구하시오. (단, 같은 모양은 같은 숫자를, 다른 모양은 다른 숫자를 나타냅니다.) ♠=9, ★=1, ♥=8

```
    ♠ ♥
+   ★ ♥
─────
  ★ ★ 6
```

02 다음 식에서 ●, ▲, ■이 나타내는 숫자를 각각 구하시오. (단, 같은 모양은 같은 숫자를, 다른 모양은 다른 숫자를 나타냅니다.) ●=1, ▲=9, ■=2

```
  ● ● ●
−   ▲ ▲
─────
    ● ■
```

Lecture ··· 복면산

- 계산식에서 숫자 대신 문자나 모양으로 나타낸 식을 복면산이라고 합니다.
- 복면산에서 같은 모양은 같은 수를, 다른 모양은 다른 수를 나타냅니다.

예
```
  6 8 ●          6 8 2
− ● 3 4    ➡    − 4 3 4
─────          ─────
● ● 8          2 4 8
```

대표 문제

STEP 1 일의 자리 계산에서 ★+●=★이므로 ●=0입니다.

STEP 2 십의 자리 계산에서 ▲+★=★0이므로 ★=1입니다.

STEP 3 ▲+★=★●에서 ★=1, ●=0이므로 ▲+1=10입니다.
따라서 ▲=9입니다.

01 (두 자리 수)+(두 자리 수)=(세 자리 수)이므로 ★=1입니다.
♠+1=11이 될 수 없으므로 ♥+♥에서 받아올림이 있어야 합니다.
따라서 ♠=9이고, ♥+♥=16이므로 ♥=8입니다.

02 계산 결과가 두 자리 수이므로 빼어지는 수의 백의 자리 숫자는 1입니다.

```
  ● ● ●
+   ▲ ▲
─────
    ● ■
```

111=▲▲+1■에서 ▲는 8 또는 9로 생각할 수 있고, ▲가 9일 때 ■는 2가 되어 식이 성립합니다.

> 정답과 풀이 07쪽

5. 도형이 나타내는 수

대표 문제

오른쪽과 아래쪽에 있는 수는 각 줄의 모양이 나타내는 수들의 합입니다. 빈칸에 알맞은 수를 써넣으시오. (단, 같은 모양은 같은 수를, 다른 모양은 다른 수를 나타냅니다.)

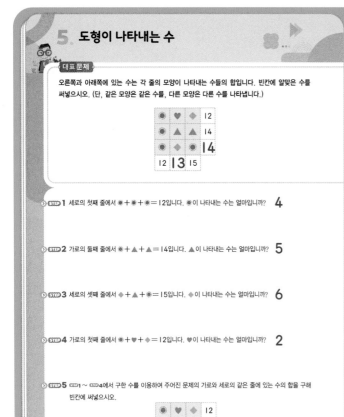

▶ **STEP 1** 세로의 첫째 줄에서 ◎+◎+◎=12입니다. ◎이 나타내는 수는 얼마입니까? **4**

▶ **STEP 2** 가로의 둘째 줄에서 ◎+▲+▲=14입니다. ▲이 나타내는 수는 얼마입니까? **5**

▶ **STEP 3** 세로의 셋째 줄에서 ◆+▲+◎=15입니다. ◆이 나타내는 수는 얼마입니까? **6**

▶ **STEP 4** 가로의 첫째 줄에서 ◎+♥+◆=12입니다. ♥이 나타내는 수는 얼마입니까? **2**

▶ **STEP 5** STEP1 ~ STEP4에서 구한 수를 이용하여 주어진 문제의 가로와 세로의 같은 줄에 있는 수의 합을 구해 빈칸에 써넣으시오.

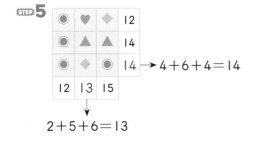

20

---

01 오른쪽과 아래쪽에 있는 수는 각 줄의 모양이 나타내는 수들의 합입니다. 빈칸에 알맞은 수를 써넣으시오. (단, 같은 모양은 같은 수를, 다른 모양은 다른 수를 나타냅니다.)

02 다음 식을 만족하는 서로 다른 4개의 수 A, B, C, D의 값을 각각 구하시오.

$$A+C=15 \quad B+D=16$$
$$A=C+C \quad B-D=2$$

$A=10, B=9,$
$C=5, D=7$

21

대표 문제

STEP 2 ◎=4이므로 4+▲+▲=14, ▲+▲=10, ▲=5입니다.

STEP 3 ◎=4, ▲=5이므로 ◆+▲+◎=15, ◆+5+4=15, ◆=6입니다.

STEP 4 ◎=4, ◆=6이므로 ◎+♥+◆=12, 4+♥+6=12, ♥=2입니다.

STEP 5

2+5+6=13

4+6+4=14

01

●+▲+●+★=22, 4+6+4+★=22 ➡ ★=8

▲+●+●+▲=20, ▲+4+4+▲=20 ➡ ▲=6

●+●+●+●=16 ➡ ●=4

●=4, ▲=6, ★=8을 넣어 같은 줄에 있는 수를 더합니다.

02 A=C+C, A+C=15에서 C+C+C=15이므로 C=5, A=10입니다.
B+D=16이 되는 두 수는 (1, 15), (2, 14), (3, 13), (4, 12), (5, 11), (6, 10), (7, 9), (8, 8)이고 이 중에서 두 수의 차가 2인 수는 9와 7이므로 B=9, D=7입니다.

6. 연산 기호 넣기

대표 문제

보기와 같이 주어진 숫자 사이에 ＋를 써넣어 식을 완성해 보시오. (단, 숫자를 2개 붙여 두 자리 수를 만들어도 됩니다.)

보기
$1 \quad 2 \quad 3 \quad 4 = 28 \Rightarrow 1+2 \quad 3+4 = 28$

$1 \quad 2+3+4 \quad 5 = 60$

STEP 1 5개의 숫자를 모두 더한 값은 얼마입니까?

$1+2+3+4+5 = 15$

STEP 2 5개의 숫자를 모두 더한 값이 60보다 작으므로 4와 5를 붙여 45를 만든 후 계산해 보시오.

$1 + 2 + 3 + 4 \quad 5 = 51$

STEP 3 STEP 2에서 구한 값은 60보다 작습니다. 따라서 4와 5를 붙여 45를, 2와 3을 붙여 23을 만든 후 계산해 보시오.

$1+2 \quad 3+4 \quad 5 = 69$

STEP 4 STEP 3에서 구한 값은 60보다 큽니다. 따라서 4와 5를 붙여 45를, 1과 2를 붙여 12를 만든 후 계산해 보시오.

$1 \quad 2+3+4 \quad 5 = 60$

22

> 정답과 풀이 09쪽

01 주어진 숫자 사이에 ＋, －를 써넣어 식을 완성해 보시오. (단, 숫자를 2개 붙여 두 자리 수를 만들어도 됩니다.)

$5 \quad 4-3 \quad 2+1 = 23$

02 안에 ＋, － 기호를 써넣어 2가지 방법으로 식을 완성해 보시오.

방법1 $6+5-4+3+2+1 = 13$
방법2 $6+5+4-3+2-1 = 13$

Lecture ··· 연산 기호 넣기

＋가 여러 개 있는 식에서 ＋를 －로 바꾸면 계산 결과가 －로 바뀐 수의 2배만큼 작아집니다.

＋3이 －3으로 바뀌면

$1+2+3+4 = 10 \quad 1+2 \quad 3+4 = 4$

계산 결과는 3의 2배인 6만큼 작아집니다.

23

---

01 $5+4+3+2+1 = 15$이므로 두 자리 수를 만들어 계산해야 합니다.

$50-30 = 20$입니다. 5와 3이 십의 자리가 되도록 만들 때 $54-32+1 = 23$(○)입니다.

$40-20 = 20$입니다. 4와 2가 십의 자리가 되도록 만들 때 $5+43-21 = 27$(×)입니다.

02 $6+5+4+3+2+1 = 21$이므로 계산 결과가 13이 되려면 8만큼 작아져야 하므로 계산식에서는 4만큼 뺍니다.

▶정답과 풀이 10쪽

01 잘못된 식에 있는 카드 2장의 위치를 바꾸어 올바른 식으로 만들어 보시오.

🖥 온라인 활동지

잘못된식 $\boxed{7}\ \boxed{5}\ \boxed{+}\ \boxed{3}\ \boxed{=}\ \boxed{6}\ \boxed{0}$

↓

올바른식 $\boxed{5}\ \boxed{7}\ \boxed{+}\ \boxed{3}\ \boxed{=}\ \boxed{6}\ \boxed{0}$

또는 $\boxed{7}\ \boxed{+}\ \boxed{5}\ \boxed{3}\ \boxed{=}\ \boxed{6}\ \boxed{0}$

02 오른쪽과 아래쪽에 있는 수는 각 줄의 모양이 나타내는 수들의 합입니다. 빈칸에 알맞은 수를 써넣으시오. (단, 같은 모양은 같은 수를, 다른 모양은 다른 수를 나타냅니다.)

03 다음 덧셈식에서 C－A의 값을 구하시오. (단, 같은 알파벳은 같은 숫자를, 다른 알파벳은 다른 숫자를 나타냅니다.)

$$\begin{array}{r} A\ B \\ +\ B\ C \\ \hline 5\ 6 \end{array}$$

04 다음 ◯ 안에 ＋, －를 써넣어 계산 결과가 100이 되도록 만들어 보시오.

$$123\ \boxed{+}\ 45\ \boxed{-}\ 67\ \boxed{+}\ 8\ \boxed{-}\ 9=100$$

24

25

---

01 수 카드끼리 위치를 바꾸는 경우, 수 카드와 연산 기호 카드의 위치를 바꾸는 경우를 각각 생각해 봅니다.

① $\boxed{7}$와 $\boxed{5}$의 위치를 바꿉니다.

➡ $\boxed{5}\boxed{7}+\boxed{3}=60$

② $\boxed{5}$와 $\boxed{+}$의 위치를 바꿉니다.

➡ $\boxed{7}+\boxed{5}\boxed{3}=60$

02

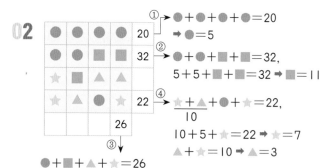

① ●＋●＋●＋●＝20
➡ ●＝5

② ●＋●＋■＋■＝32,
5＋5＋■＋■＝32 ➡ ■＝11

④ ★＋▲＋●＋★＝22,
$\dfrac{}{10}$
10＋5＋★＝22 ➡ ★＝7
▲＋★＝10 ➡ ▲＝3

③ ●＋■＋▲＋★＝26
➡ ▲＋★＝10

●＝5, ■＝11, ★＝7, ▲＝3을 넣어 같은 줄에 있는 수를 더합니다.

03 • 일의 자리 계산에서 받아올림이 없는 경우

① A＝1일 때, B＝4, C＝2이므로
C－A＝2－1＝1입니다.

② A＝2일 때, B＝3, C＝3입니다.
B와 C가 같으므로 만족하는 식을 만들 수 없습니다.

③ A＝3일 때, B＝2, C＝4이므로
C－A＝4－3＝1입니다.

④ A＝4일 때, B＝1, C＝5이므로
C－A＝5－4＝1입니다.

따라서 C－A는 항상 1이 됩니다.

• 일의 자리 계산에서 받아올림이 있는 경우

① A＝1일 때, B＝3, C＝13이므로 성립하지 않습니다.

② A＝2일 때, B＝2, C＝14이므로 성립하지 않습니다.

③ A＝3일 때, B＝1, C＝15이므로 성립하지 않습니다.

④ A＝4일 때, B＝0, C＝16이므로 성립하지 않습니다.

04 123＋45＋67＋8＋9＝252입니다.

252－100＝152이므로 152의 절반인 76만큼 빼야합니다.

▶ 정답과 풀이 11쪽

05 다음 식에서 ◆, ●, ★이 나타내는 수를 각각 구하시오. (단, 같은 모양은 같은 수를, 다른 모양은 다른 수를 나타냅니다.) **◆=7, ●=11, ★=12**

$$◆+●=18$$
$$●+★=23$$
$$◆+●+★=30$$

Key Point
◆+●=18을
◆+●+★=30과 비교하여
★을 구해 봅니다.

06 다음 뺄셈식에서 ▲, ★이 나타내는 숫자를 각각 구하시오. (단, 같은 모양은 같은 숫자를, 다른 모양은 다른 숫자를 나타냅니다.) **▲=9, ★=8**

07 다음 식을 만족하는 서로 다른 4개의 수 ㉮, ㉯, ㉰, ㉭는 각각 얼마인지 구하시오. (단, 같은 글자는 같은 수를, 다른 글자는 다른 수를 나타냅니다.)

$$㉮+㉯=㉮$$
$$㉮×㉰=㉮$$
$$㉰+㉭=㉮$$
$$㉭-㉰=㉰$$

㉮=3, ㉯=0, ㉰=1, ㉭=2

Key Point
어떤 수에 0을 더하거나 1을 곱하면
어떤 수가 됩니다.

08 다음 숫자 사이에 + 기호만 써넣어 계산 결과가 500이 되도록 만들어 보시오. (단, 숫자를 붙여 두 자리 수인 44 또는 세 자리인 수인 444를 만들어도 됩니다.)

$$4 \quad 4 \quad 4+4 \quad 4+4+4+4=500$$

26

27

---

05 ◆+●=18, ●+★=23이므로
◆+●+●+★=41입니다.
◆+●+★=30이므로
(◆+●+●+★)-(◆+●+★)=●
에서 ●=41-30=11입니다.
●=11이므로 ◆+●=18에서 ◆=7이고,
●+★=23에서 ★=12입니다.

[별해] ◆+●=18, ◆+●+★=30이므로
18+★=30 ➡ ★=12
●+★=23, ●+12=23 ➡ ●=11
◆+●=18, ◆+11=18 ➡ ◆=7

06
```
      10              8  10
   ▲̶  ★           ▲̶  ★̶
 -  ★  ▲    ➡   -  ★̶  ▲̶
 ─────          ─────
     ▲              ▲
```

07 어떤 수에 0을 더하거나 1을 곱하면 어떤 수가 됩니다.
따라서 ㉮+㉯=㉮에서 ㉯=0이고, ㉮×㉰=㉮에서
㉰=1입니다.
㉰=1이므로 ㉭-㉰=㉰에서 ㉭-1=1,
㉭=2입니다.
㉰=1, ㉭=2이므로 ㉰+㉭=㉮에서
㉮=1+2=3입니다.
따라서 ㉮=3, ㉯=0, ㉰=1, ㉭=2입니다.

08 계산 결과가 500으로 세 자리 수입니다.
4를 세 개 붙여서 세 자리 수를 만들면 444가 되고, 500이
되려면 56만큼을 더해야 합니다.

+ Perfect 경시대회 +

정답과 풀이 12쪽

01 1부터 8까지의 수가 적혀 있는 정팔면체 주사위를 4번 던져 나온 수로 다음 식을 만들 때, 계산 결과가 가장 클 때의 값을 구하시오. **95**

 $\square\square - \square + \square$

02 주어진 9장의 수 카드를 모두 사용하여 3개의 식을 완성해 보시오.
온라인 활동지

$\boxed{0}\ \boxed{1}\ \boxed{3}\ \boxed{4}\ \boxed{5}\ \boxed{6}\ \boxed{7}\ \boxed{8}\ \boxed{9}$

예시답안 $\boxed{1}+\boxed{7}=\boxed{8}$
$\boxed{9}-\boxed{3}=\boxed{6}$
$\boxed{4}\times\boxed{5}=\boxed{2}\boxed{0}$

03 빈 곳에 +, -를 써넣어 식이 성립하도록 만들어 보시오.

04 오른쪽과 아래쪽에 있는 수는 각 줄의 모양이 나타내는 수들의 합입니다. 이때 A+B의 값을 구하시오. (단, 같은 모양은 같은 수를, 다른 모양은 다른 수를 나타냅니다.) **36**

▲	▲	●	▲	13
■	●	★	■	A
▲	▲	●	■	B
▲	★	★	▲	20
14	17	22	16	

28 **29**

---

01 계산 결과가 가장 크게 하려면 더해지는 수와 더하는 수는 크게, 빼는 수는 가장 작게 만들어야 합니다.
이때, 주사위를 4번 던져 나온 수로 계산식을 만들어야 하므로 1부터 8까지의 수 중 같은 수가 여러 번 나올 수 있습니다.
만들 수 있는 가장 큰 두 자리 수는 88이고, 가장 작은 한 자리 수는 1, 가장 큰 한 자리 수는 8입니다.
➡ $88-1+8=95$

02 수 카드는 한 번씩만 사용해야 하므로 $\square+\square=\square$와
$\square-\square=\square$에는 $\boxed{0}$를 넣을 수 없습니다.
➡ $\square\times\square=\boxed{2}\boxed{0}$
곱이 20인 두 수는 4와 5입니다.
➡ $\boxed{4}\times\boxed{5}=\boxed{2}\boxed{0}$ 또는 $\boxed{5}\times\boxed{4}=\boxed{2}\boxed{0}$
남은 수는 1, 3, 6, 7, 8, 9입니다. 이 중에서 덧셈식과 뺄셈식을 만들 수 있는 것은 (1, 7, 8), (3, 6, 9)입니다.
➡ $\boxed{1}+\boxed{7}=\boxed{8}$ 또는 $\boxed{7}+\boxed{1}=\boxed{8}$,
$\boxed{3}+\boxed{6}=\boxed{9}$ 또는 $\boxed{6}+\boxed{3}=\boxed{9}$
➡ $\boxed{8}-\boxed{1}=\boxed{7}$ 또는 $\boxed{8}-\boxed{7}=\boxed{1}$,
$\boxed{9}-\boxed{3}=\boxed{6}$ 또는 $\boxed{9}-\boxed{6}=\boxed{3}$

03 $4+8+2+4+6+9+5=38$이므로 계산 결과가 10이 되려면 28만큼 작아져야 합니다.
따라서 14만큼 빼면 되므로 9와 5를 뺍니다.

04 • 가로의 넷째 줄:
  $▲+★+★+▲=20 \Rightarrow ▲+★=10$
• 세로의 둘째 줄:
  $▲+●+▲+★=17, ▲+★=10,$
  $▲+●+10=17 \Rightarrow ▲+●=7$
• 가로의 첫째 줄:
  $▲+▲+●+▲=13, ▲+●=7,$
  $▲+▲+7=13 \Rightarrow ▲=3$
• 세로의 첫째 줄:
  $▲+■+▲+▲=14, ▲=3,$
  $3+■+3+3=14 \Rightarrow ■=5$
  $▲=3, ▲+★=10 \Rightarrow ★=7,$
  $▲+●=7 \Rightarrow ●=4$
  $▲=3, ●=4, ■=5, ★=7$ 을 넣어 같은 줄에 있는 수를 더하면 A=21, B=15이므로
  $A+B=21+15=36$입니다.
별해 세로 줄에 있는 수들의 합인
  $14+17+22+16=69$는 가로 줄에 있는 수들의 합과 같습니다. 따라서 $13+A+B+20=69$에서
  $A+B=69-20-13=36$입니다.

Challenge 영재교육원

▶ 정답과 풀이 13쪽

01 수 카드 [2], [3], [4], [6] 중 3장, (+), (−), (×) 중 2장을 사용하여 계산한 값이 2부터 9까지의 수가 되도록 만들어 보시오. (단, 앞에서부터 차례로 계산합니다.)

$$[2] \xrightarrow{\times} [3] \xrightarrow{-} [4] = 2$$

$$[4] \xrightarrow{-} [3] \xrightarrow{+} [2] = 3$$

$$[3] \xrightarrow{-} [2] \xrightarrow{\times} [4] = 4$$

$$[4] \xrightarrow{\times} [2] \xrightarrow{-} [3] = 5$$

$$[4] \xrightarrow{-} [2] \xrightarrow{\times} [3] = 6$$

$$[3] \xrightarrow{-} [2] \xrightarrow{+} [6] = 7$$

$$[4] \xrightarrow{-} [2] \xrightarrow{+} [6] = 8$$

$$[2] \xrightarrow{\times} [6] \xrightarrow{-} [3] = 9$$

30

02 보기와 같이 서로 다른 3개의 숫자를 사용하여 두 자리 수끼리의 덧셈식을 만들려고 합니다. 계산 결과가 가장 큰 값 또는 가장 작은 값이 나오도록 만들어 보시오. 이때 계산 결과는 100보다 크고 199보다 작아야 합니다. (단, 계산 결과도 3개의 숫자를 사용하여 만들 수 있어야 합니다.)

(1)

합이 가장 큰 식 만들기	
사용한 숫자	
1, 8, 9	

$$\begin{array}{r} 99 \\ + 99 \\ \hline 198 \end{array}$$

(2)

합이 가장 작은 식 만들기	
사용한 숫자	
0, 1, 9	

예시답안

$$\begin{array}{r} 10 \\ + 91 \\ \hline 101 \end{array} \quad 또는 \quad \begin{array}{r} 11 \\ + 90 \\ \hline 101 \end{array}$$

31

---

01 여러 가지 방법이 있습니다.

$$[4] \xrightarrow{\times} [2] \xrightarrow{-} [6] = 2$$

$$[2] \xrightarrow{+} [4] \xrightarrow{-} [3] = 3$$

$$[2] \xrightarrow{+} [6] \xrightarrow{-} [4] = 4$$

$$[3] \xrightarrow{+} [4] \xrightarrow{-} [2] = 5$$

$$[3] \xrightarrow{\times} [4] \xrightarrow{-} [6] = 6$$

$$[4] \xrightarrow{+} [6] \xrightarrow{-} [3] = 7 \quad ([6] \xrightarrow{+} [3] \xrightarrow{-} [2] = 7)$$

$$[6] \xrightarrow{-} [2] \xrightarrow{+} [4] = 8 \quad ([6] \xrightarrow{\times} [2] \xrightarrow{-} [4] = 8)$$

$$[6] \xrightarrow{\times} [2] \xrightarrow{-} [3] = 9$$

TIP 각 덧셈식에 쓰인 수의 위치를 바꾸어도 정답입니다.

02 (1) 숫자 1, 8, 9를 이용하여 합이 가장 큰 식 만들기

받아올림이 있는 두 자리 수끼리의 덧셈 결과는 백의 자리의 숫자가 1입니다.

$$\begin{array}{r} 99 \\ + 99 \\ \hline 1\,\text{마}\,\text{바} \end{array}$$

계산 결과를 가장 크게 만들기 위해서 십의 자리의 숫자 ㉮와 ㉰, 일의 자리의 숫자 ㉯와 ㉱에 각각 9를 써넣습니다.

$$\begin{array}{r} 99 \\ + 99 \\ \hline 198 \end{array}$$

계산 결과도 1, 8, 9로 구성되어 있는지 확인합니다.

(2) 숫자 0, 1, 9를 이용하여 합이 가장 작은 식 만들기

$$\begin{array}{r} ㉮\,㉯ \\ + ㉰\,㉱ \\ \hline 1\,\text{마}\,\text{바} \end{array}$$

받아올림이 있는 두 자리 수끼리의 덧셈 결과는 백의 자리의 숫자가 1입니다.

$$\begin{array}{r} 9\,㉯ \\ + 1\,㉱ \\ \hline 1\,\text{마}\,\text{바} \end{array}$$

십의 자리의 숫자 ㉮와 ㉰의 덧셈 결과는 받아올림이 있어야 하며, 계산값은 가장 작아야 합니다. 따라서 ㉮와 ㉰에 각각 9와 1을 써넣습니다.

$$\begin{array}{r} 91 \\ + 10 \\ \hline 101 \end{array}$$

계산 결과를 가장 작게 만들기 위해 일의 자리의 숫자 ㉯와 ㉱에 모두 0을 써넣으면 100보다 크다는 조건을 만족하지 못하므로 1과 0을 써넣습니다. 이때 계산 결과도 숫자 0, 1, 9로 구성되어 있는지 확인합니다.

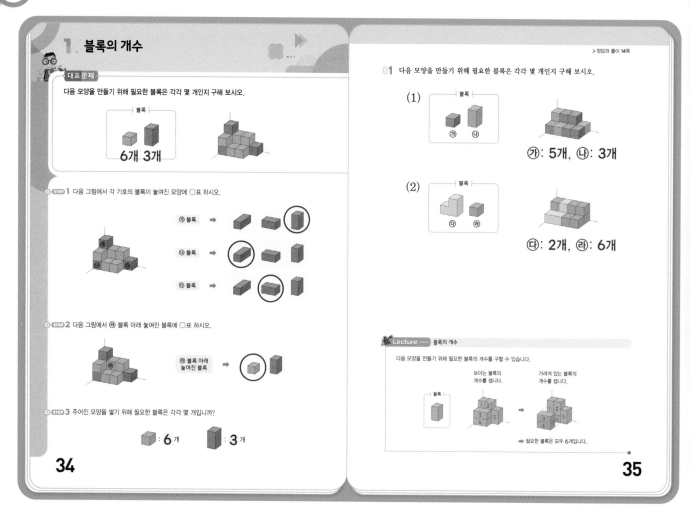

대표 문제

STEP 2 왼쪽 모양에서 분홍색 블록이 없을 때의 모습을 생각해 봅니다.

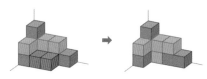

STEP 3 STEP 2의 오른쪽 모양에서 초록색 블록은 4개, 보라색 블록은 3개이므로 주어진 모양을 만들기 위해 필요한 초록색 블록은 6개, 보라색 블록은 3개입니다.

01 왼쪽 모양에서 초록색 블록이 없을 때의 모습을 생각해 봅니다.

(1)
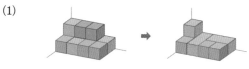

➡ 필요한 블록은 ㉮는 5개, ㉯는 3개입니다.

(2)
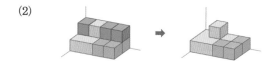

➡ 필요한 블록은 ㉰는 2개, ㉱는 6개입니다.

2. 위, 앞, 옆에서 본 모양

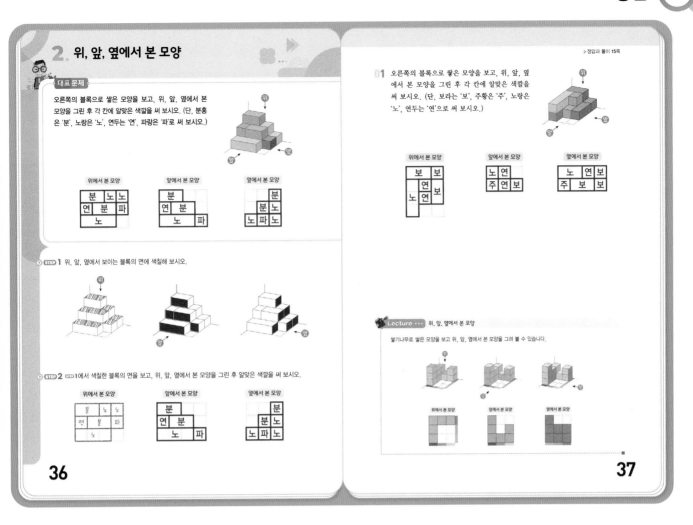

▶ 정답과 풀이 15쪽

대표문제

오른쪽의 블록으로 쌓은 모양을 보고, 위, 앞, 옆에서 본 모양을 그린 후 각 칸에 알맞은 색깔을 써 보시오. (단, 분홍은 '분', 노랑은 '노', 연두는 '연', 파랑은 '파로 써 보시오.)

위에서 본 모양

분	노	노
연	분	파
	노	

앞에서 본 모양

분		
연	분	
	노	파

옆에서 본 모양

		분
	분	노
노	파	노

STEP 1 위, 앞, 옆에서 보이는 블록의 면에 색칠해 보시오.

STEP 2 STEP 1에서 색칠한 블록의 면을 보고, 위, 앞, 옆에서 본 모양을 그린 후 알맞은 색깔을 써 보시오.

위에서 본 모양

분	노	노
연	분	파
	노	

앞에서 본 모양

분		
연	분	
	노	파

옆에서 본 모양

		분
	분	노
노	파	노

36

---

01 오른쪽의 블록으로 쌓은 모양을 보고, 위, 앞, 옆에서 본 모양을 그린 후 각 칸에 알맞은 색깔을 써 보시오. (단, 보라는 '보', 주황은 '주', 노랑은 '노', 연두는 '연'으로 써 보시오.)

위에서 본 모양

보		보
노	연	
노	연	보

앞에서 본 모양

노	연	
주	연	보

옆에서 본 모양

노	연	보
주	보	보

Lecture … 위, 앞, 옆에서 본 모양

쌓기나무로 쌓은 모양을 보고 위, 앞, 옆에서 본 모양을 그려 볼 수 있습니다.

위에서 본 모양   앞에서 본 모양   옆에서 본 모양

37

대표문제

STEP 1 화살표 방향을 따라 위, 앞, 옆에서 보이는 부분을 색칠합니다.

STEP 2 각 줄의 색칠된 위치와 블록의 크기를 생각하며 위, 앞, 옆에서 본 모양을 그립니다.

01 위, 앞, 옆에서 본 모양을 그리면 다음과 같습니다.

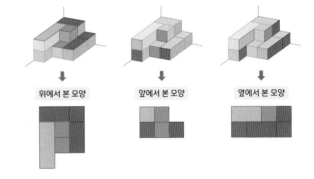

위에서 본 모양   앞에서 본 모양   옆에서 본 모양

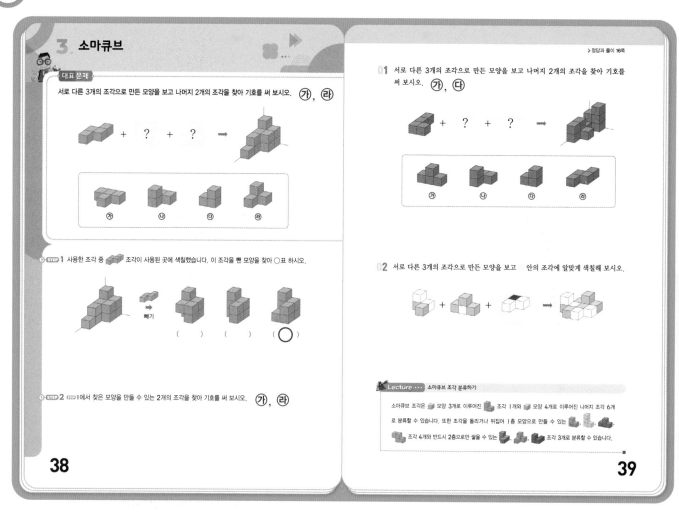

38

39

대표 문제

STEP 1 색칠한 조각을 빼면 어떤 모양이 되는지 생각하며 알맞은 모양을 찾습니다.

STEP 2 STEP 1에서 찾은 모양은 다음과 같이 ㉮와 ㉣로 만들 수 있습니다.

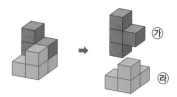

01 주어진 모양은 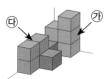 로 만들 수 있습니다.

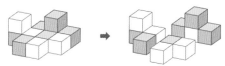

02 주어진 모양은 다음 3개의 조각으로 만들 수 있습니다.

✦ Creative 팩토 ✦

▶정답과 풀이 17쪽

01 다음 모양을 만들기 위해 필요한 ㉮, ㉯, ㉰ 블록은 각각 몇 개인지 구해 보시오.

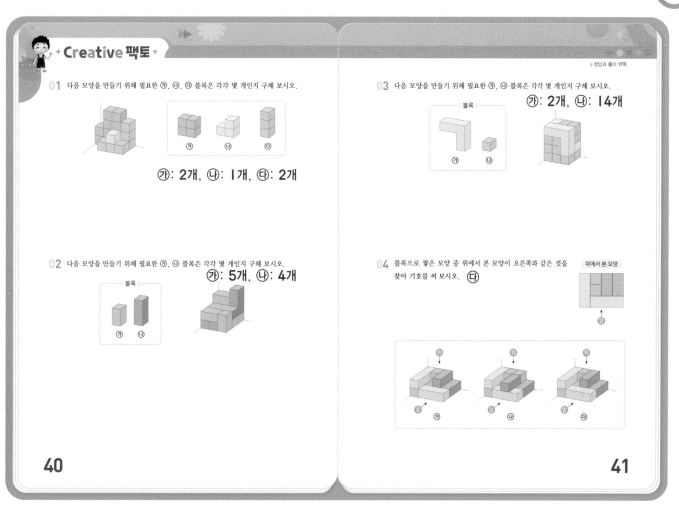

㉮: 2개, ㉯: 1개, ㉰: 2개

02 다음 모양을 만들기 위해 필요한 ㉮, ㉯ 블록은 각각 몇 개인지 구해 보시오.

㉮: 5개, ㉯: 4개

블록
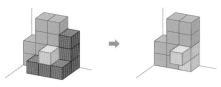

03 다음 모양을 만들기 위해 필요한 ㉮, ㉯ 블록은 각각 몇 개인지 구해 보시오.

㉮: 2개, ㉯: 14개

블록
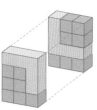

04 블록으로 쌓은 모양 중 위에서 본 모양이 오른쪽과 같은 것을 찾아 기호를 써 보시오. ㉰

위에서 본 모양

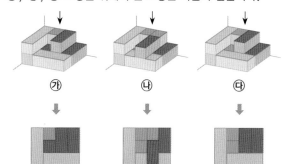

40

41

---

01 왼쪽 모양에서 분홍색 블록이 없을 때의 모습을 생각해 봅니다.

오른쪽 모양에서 ㉮ 2개, ㉯ 1개이므로 주어진 모양을 만들기 위해 필요한 블록은 ㉮ 2개, ㉯ 1개, ㉰ 2개입니다.

02 왼쪽 모양에서 분홍색 블록이 없을 때의 모습을 생각해 봅니다.

오른쪽 모양에서 ㉮ 4개, ㉯ 3개이므로 주어진 모양을 만들기 위해 필요한 블록은 ㉮ 5개, ㉯ 4개입니다.

03 주어진 모양의 앞부분과 뒷부분의 모양을 생각해 봅니다.

➡ 필요한 블록은 ㉮ 2개, ㉯ 14개입니다.

04 ㉮, ㉯, ㉰ 모양을 위에서 본 모양은 다음과 같습니다.

㉮   ㉯   ㉰

따라서 주어진 모양과 비교하면 ㉰와 같습니다.

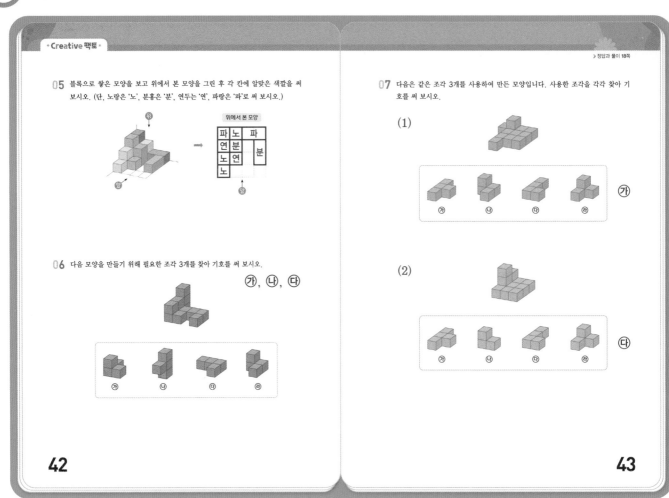

05 블록으로 쌓은 모양을 보고 위에서 본 모양을 그린 후 각 칸에 알맞은 색깔을 써 보시오. (단, 노랑은 '노', 분홍은 '분', 연두는 '연', 파랑은 '파'로 써 보시오.)

06 다음 모양을 만들기 위해 필요한 조각 3개를 찾아 기호를 써 보시오.

㉮, ㉯, ㉰

07 다음은 같은 조각 3개를 사용하여 만든 모양입니다. 사용한 조각을 각각 찾아 기호를 써 보시오.

(1) ㉮

(2) ㉰

---

05 주어진 모양을 위에서 본 모양은 다음과 같습니다.

위에서 본 모양

06 주어진 모양은 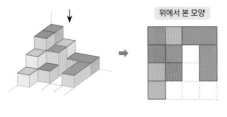 로 만들 수 있습니다.

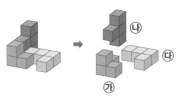

07 (1) 주어진 모양은 조각 3개로 만들 수 있습니다.

(2) 주어진 모양은 조각 3개로 만들 수 있습니다.

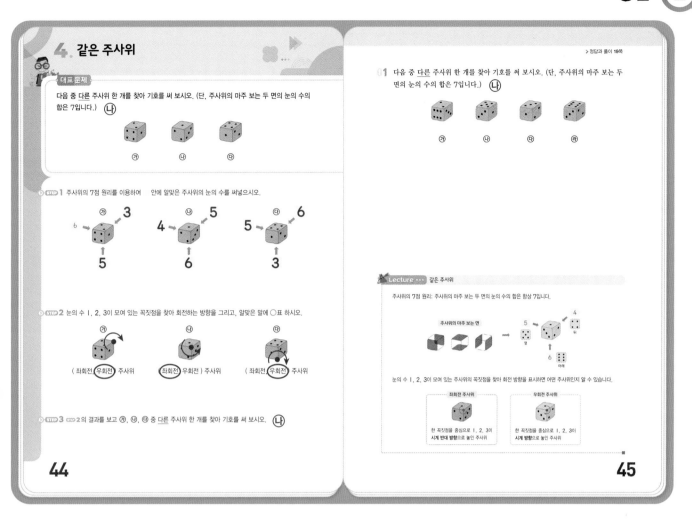

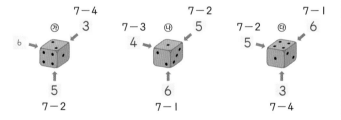

대표 문제

STEP 1 주사위의 마주 보는 두 면의 눈의 수의 합이 7이 되도록 화살표가 가리키는 면의 눈의 수를 구합니다.

STEP 2 눈의 수 1, 2, 3이 모여 있는 주사위의 꼭짓점을 찾아 회전 방향을 표시해 봅니다.

➡ 우회전　➡ 좌회전　➡ 우회전

STEP 3 ㉮, ㉰는 우회전 주사위, ㉯는 좌회전 주사위이므로 다른 주사위는 ㉯입니다.

01 눈의 수 1, 2, 3이 모여 있는 주사위의 꼭짓점을 찾아 회전 방향을 표시해 봅니다.

➡ 좌회전　➡ 우회전　➡ 좌회전　➡ 좌회전

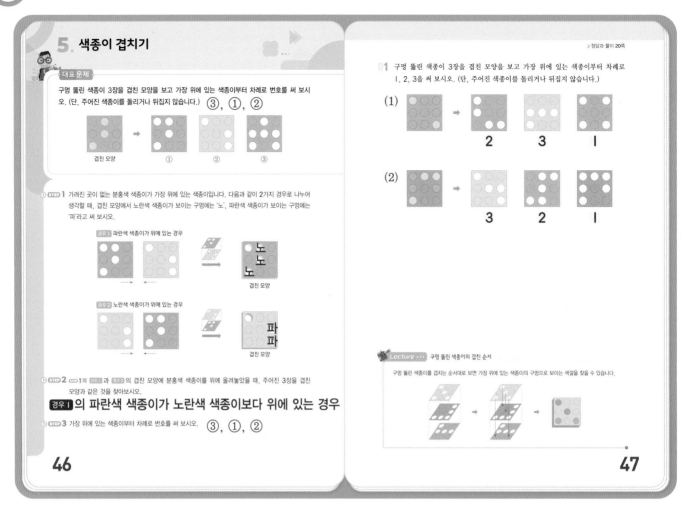

대표 문제

STEP 1 경우 1 파란색 색종이의 구멍 중 노란색 색종이의 구멍이 뚫려 있지 않은 곳을 찾습니다.

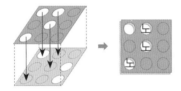

경우 2 노란색 색종이의 구멍 중 파란색 색종이의 구멍이 뚫려 있지 않은 곳을 찾습니다.

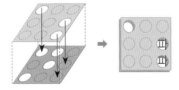

STEP 2 ○ 표시된 구멍에서 파란색이 보여야 하므로 파란색 색종이가 노란색 색종이보다 위에 있어야 합니다.

STEP 3 겹친 모양처럼 보이려면 위부터 ③, ①, ② 순서로 겹쳐야 합니다.

01 (1) 겹친 모양에서 파란색 색종이가 가장 위에 있습니다. 그리고 파란색 색종이의 ○ 표시된 구멍의 위치에서 보면 분홍색과 노란색 색종이가 모두 막혀 있는데 겹친 모양에서 분홍색이 보이므로 분홍색 색종이가 노란색 색종이보다 위에 놓여 있습니다.

(2) 겹친 모양에서 보라색 색종이가 가장 위에 있습니다. 그리고 보라색 색종이의 ○ 표시된 구멍의 위치에서 보면 노란색과 분홍색 색종이가 모두 막혀 있는데 겹친 모양에서 분홍색이 보이므로 분홍색 색종이가 노란색 색종이보다 위에 놓여 있습니다.

6. 색종이 자르기

대표문제

다음과 같이 색종이를 2번 접어 검은색으로 칠한 부분을 잘랐습니다. 색종이를 펼쳤을 때 잘려진 부분에 색칠해 보시오. 🖥 온라인 활동지

▶정답과 풀이 21쪽

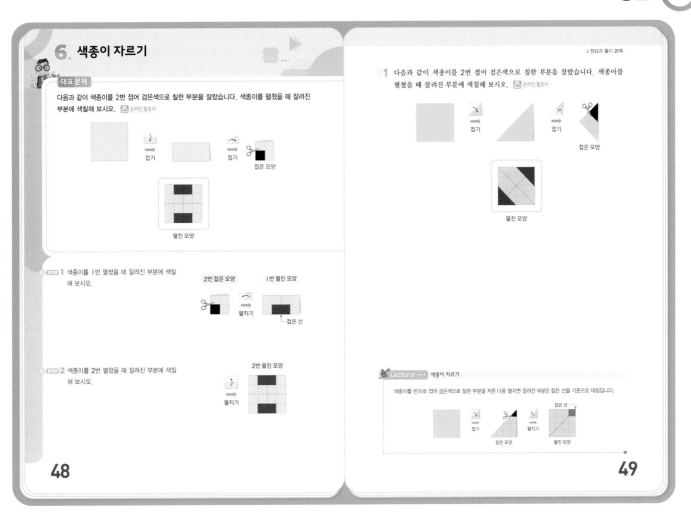

01 다음과 같이 색종이를 2번 접어 검은색으로 칠한 부분을 잘랐습니다. 색종이를 펼쳤을 때 잘려진 부분에 색칠해 보시오. 🖥 온라인 활동지

STEP 1 색종이를 1번 펼쳤을 때 잘려진 부분에 색칠해 보시오.

STEP 2 색종이를 2번 펼쳤을 때 잘려진 부분에 색칠해 보시오.

Lecture ··· 색종이 자르기

색종이를 반으로 접어 검은색으로 칠한 부분을 자른 다음 펼치면 잘려진 부분은 접은 선을 기준으로 대칭입니다.

48

49

대표 문제

STEP 1 잘려진 부분은 접은 선을 기준으로 대칭입니다.

STEP 2

01 접은 순서와 반대로 펼친 모양을 생각하여 그립니다. 잘려진 부분은 접은 선을 기준으로 대칭입니다.

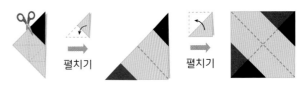

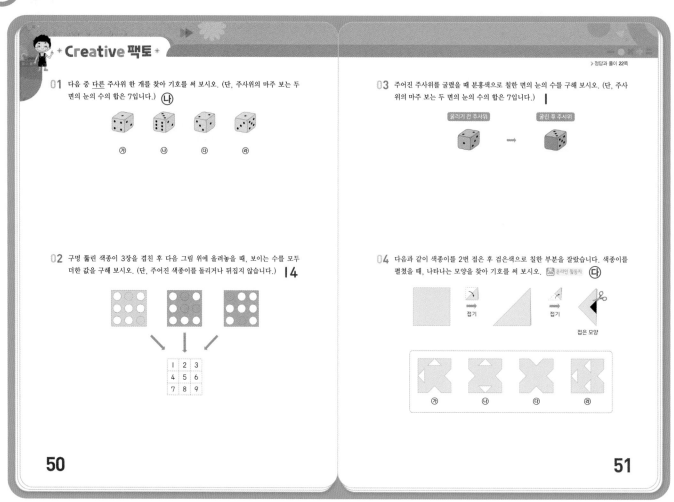

01 눈의 수 1, 2, 3이 모여 있는 주사위의 꼭짓점을 찾아 회전 방향을 표시해 봅니다.

02 색종이 3장 모두 구멍이 뚫려 있는 곳은 다음과 같으므로, 보이는 수를 더하면 3＋4＋7＝14입니다.

03 주사위의 각 면의 눈의 수를 알아보고, 어떻게 굴렸는지 생각 하여 색칠한 면의 눈의 수를 구합니다.

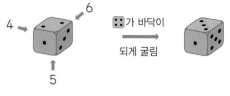

TIP 눈의 수 1, 2, 3이 모여 있는 주사위의 꼭짓점을 중심 으로 우회전하고 있는 점을 이용하여 해결할 수도 있습 니다.

04 접은 순서와 반대로 펼친 모양을 생각하여 그립니다. 잘려진 부분은 접은 선을 기준으로 대칭입니다.

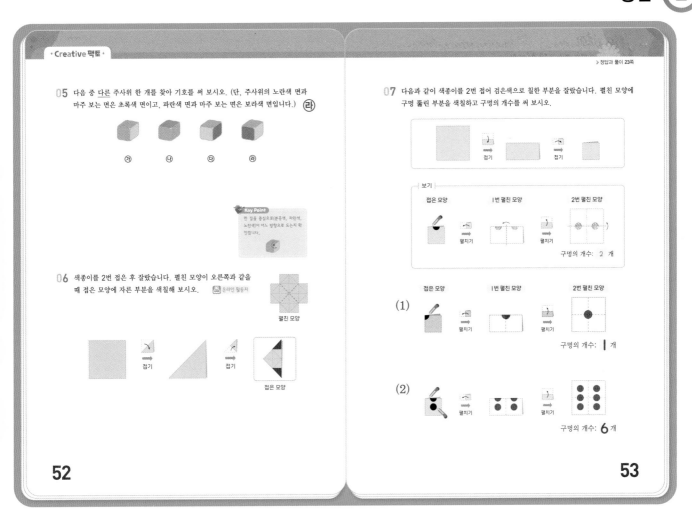

---

05 분홍색, 파란색, 노란색이 모여 있는 주사위의 꼭짓점을 찾아 분홍색, 파란색, 노란색 순서로 회전 방향을 표시해 봅니다.

06 펼친 모양을 접어가며 잘린 부분을 색칠해 봅니다.

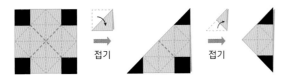

07 접은 순서와 반대로 펼친 모양을 생각하여 그린 다음 구멍의 개수를 셉니다.

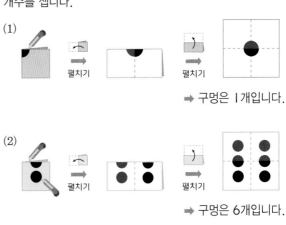

(1) ➡ 구멍은 1개입니다.

(2) ➡ 구멍은 6개입니다.

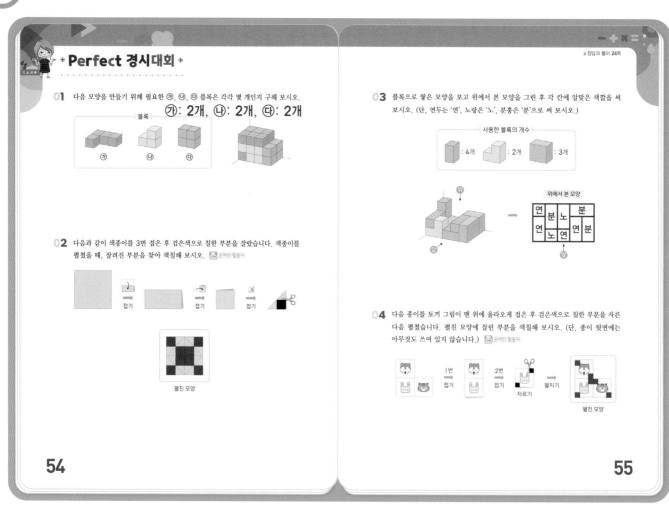

+ Perfect 경시대회 +

01 다음 모양을 만들기 위해 필요한 ㉮, ㉯, ㉰ 블록은 각각 몇 개인지 구해 보시오.

㉮ : **2개**, ㉯ : **2개**, ㉰ : **2개**

02 다음과 같이 색종이를 3번 접은 후 검은색으로 칠한 부분을 잘랐습니다. 색종이를 펼쳤을 때, 잘려진 부분을 찾아 색칠해 보시오. 🖥 온라인 활동지

펼친 모양

> 정답과 풀이 24쪽

03 블록으로 쌓은 모양을 보고 위에서 본 모양을 그린 후 각 칸에 알맞은 색깔을 써 보시오. (단, 연두는 '연', 노랑은 '노', 분홍은 '분'으로 써 보시오.)

사용한 블록의 개수
: 4개 : 2개 : 3개

위에서 본 모양

연	분	노	분
연		노	
	노	연	연	분

04 다음 종이를 토끼 그림이 맨 위에 올라오게 접은 후 검은색으로 칠한 부분을 자른 다음 펼쳤습니다. 펼친 모양에 잘린 부분을 색칠해 보시오. (단, 종이 뒷면에는 아무것도 쓰여 있지 않습니다.) 🖥 온라인 활동지

1번
접기
2번
접기
자르기
펼치기
펼친 모양

54

55

01 왼쪽 모양에서 분홍색 블록이 없을 때의 모습을 생각해 봅니다.

오른쪽 모양에서 ㉮ 2개, ㉯ 2개, ㉰ 1개이므로 주어진 모양을 만들기 위해 필요한 블록은 ㉮ 2개, ㉯ 2개, ㉰ 2개입니다.

02 접은 순서와 반대로 펼친 모양을 생각하여 그립니다. 잘려진 부분은 접은 선을 기준으로 대칭입니다.

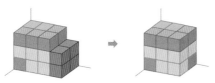

펼치기
펼치기

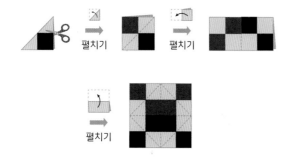

펼치기

03 주어진 모양을 위에서 본 모양은 다음과 같습니다.

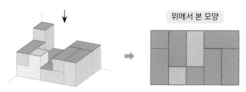

위에서 본 모양

04 차례로 펼쳐가며 잘려진 부분을 색칠합니다.

1번
펼치기
2번
펼치기

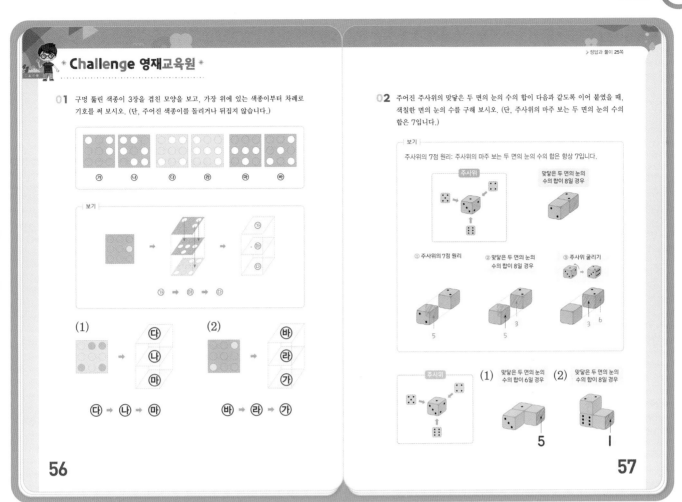

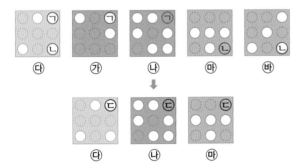

01 (1) ① 노란색 색종이 ㉰가 가장 위에 있습니다.

② ㉠ 위치에서 분홍색이 보이고, ㉡ 위치에서 파란색이 보이므로 ㉯, ㉱ 색종이가 겹쳐져 있습니다.

③ ㉢ 위치에서 분홍색과 파란색 색종이가 모두 막혀 있는데 겹친 모양에서 분홍색이 보이므로 분홍색 색종이가 파란색 색종이보다 위에 놓여 있습니다.

(2) ① 파란색 색종이 ㉽가 가장 위에 있습니다.

② ㉠ 위치에서 노란색이 보이고, ㉡ 위치에서 분홍색이 보이므로 ㉺, ㉻ 색종이가 겹쳐져 있습니다.

③ ㉢ 위치에서 분홍색과 노란색 색종이가 모두 막혀 있는데 겹친 모양에서 노란색이 보이므로 노란색 색종이가 분홍색 색종이보다 위에 놓여 있습니다.

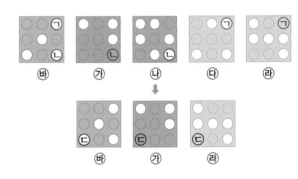

02 주사위의 모양, 주사위의 7점 원리, 맞닿은 두 면의 눈의 수의 합을 이용하여 빨간색으로 칠한 면의 눈의 수를 구합니다.

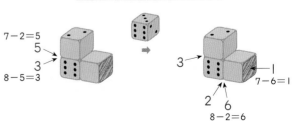

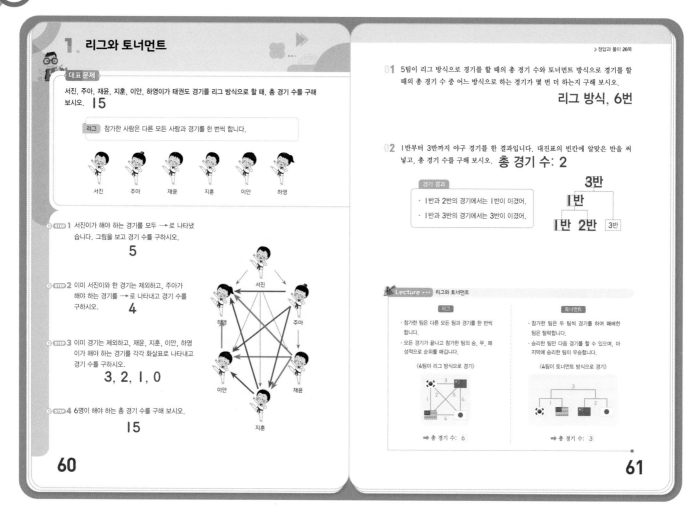

대표 문제

STEP 1 서진이가 해야 하는 경기 수는 5입니다.

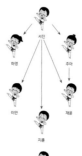

STEP 2 이미 서진이와 한 경기는 제외하고, 주아가 해야 하는 경기를 모두 ⟶로 나타내면 경기 수는 4입니다.

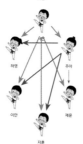

STEP 3 이미 한 경기를 제외하고, 재윤, 지훈, 이안, 하영이가 해야 하는 경기를 화살표로 나타내면 경기 수는 각각 3, 2, 1, 0입니다.

STEP 4 총 경기 수 : $5+4+3+2+1+0=15$

01
- 5팀이 리그 방식으로 경기하는 총 경기 수는 $4+3+2+1+0=10$입니다.
- 5팀이 토너먼트 방식으로 경기하는 총 경기 수는 4입니다.

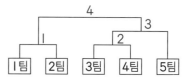

따라서 리그 방식으로 경기할 때 $10-4=6$(번) 더 많이 경기하게 됩니다.

02
- 1반과 2반의 경기에서 1반이 이겼으므로 1반이 3반과 경기하게 됩니다.
- 1반과 3반의 경기에서 3반이 이겼으므로 우승한 팀은 3반이고, 총 경기 수는 2입니다.

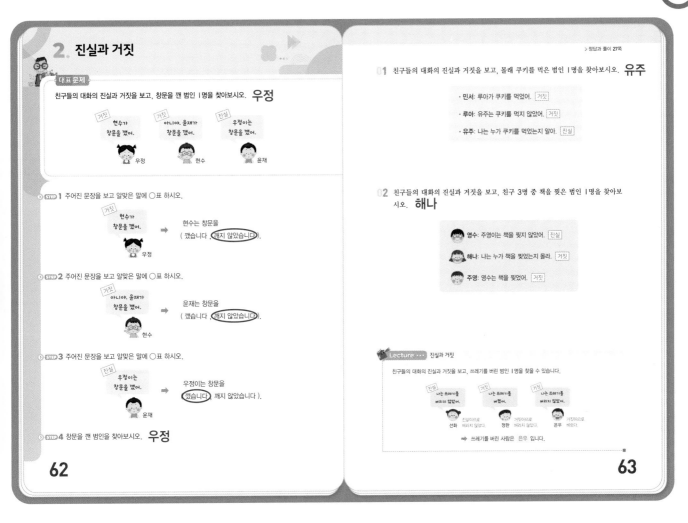

2. 진실과 거짓

대표 문제

친구들의 대화의 진실과 거짓을 보고, 창문을 깬 범인 1명을 찾아보시오. **우정**

> 거짓
> 현수가 창문을 깼어.
> 우정

> 거짓
> 아니야. 윤재가 창문을 깼어.
> 현수

> 진실
> 우정이는 창문을 깼어.
> 윤재

STEP 1 주어진 문장을 보고 알맞은 말에 ○표 하시오.

> 거짓
> 현수가 창문을 깼어.
> 우정
→ 현수는 창문을 (깼습니다 / **깨지 않았습니다**).

STEP 2 주어진 문장을 보고 알맞은 말에 ○표 하시오.

> 거짓
> 아니야. 윤재가 창문을 깼어.
> 현수
→ 윤재는 창문을 (깼습니다 / **깨지 않았습니다**).

STEP 3 주어진 문장을 보고 알맞은 말에 ○표 하시오.

> 진실
> 우정이는 창문을 깼어.
> 윤재
→ 우정이는 창문을 (**깼습니다** / 깨지 않았습니다).

STEP 4 창문을 깬 범인을 찾아보시오. **우정**

62

> 정답과 풀이 27쪽

01 친구들의 대화의 진실과 거짓을 보고, 몰래 쿠키를 먹은 범인 1명을 찾아보시오. **유주**

· 민서: 루아가 쿠키를 먹었어. 거짓
· 루아: 유주는 쿠키를 먹지 않았어. 거짓
· 유주: 나는 누가 쿠키를 먹었는지 알아. 진실

02 친구들의 대화의 진실과 거짓을 보고, 친구 3명 중 책을 찢은 범인 1명을 찾아보시오. **해나**

영수: 주영이는 책을 찢지 않았어. 진실

해나: 나는 누가 책을 찢었는지 몰라. 거짓

주영: 영수는 책을 찢었어. 거짓

Lecture ··· 진실과 거짓

친구들의 대화의 진실과 거짓을 보고, 쓰레기를 버린 범인 1명을 찾을 수 있습니다.

> 진실
> 나는 쓰레기를 버리지 않았어.
> 선화
> 진실이므로 버리지 않았다.

> 거짓
> 나는 쓰레기를 버렸어.
> 정환
> 거짓이므로 버리지 않았다.

> 거짓
> 나는 쓰레기를 버리지 않았어.
> 은우
> 거짓이므로 버렸다.

➡ 쓰레기를 버린 사람은 은우 입니다.

63

대표 문제

STEP 1 현수가 창문을 깼다는 말이 거짓이므로
현수는 창문을 깨지 않았습니다.

STEP 2 윤재가 창문을 깼다는 말이 거짓이므로
윤재는 창문을 깨지 않았습니다.

STEP 3 우정이가 창문을 깼다는 말이 진실이므로
우정이가 창문을 깼습니다.

STEP 4 창문을 깬 범인은 우정이입니다.

01
· 루아가 쿠키를 먹었다는 말이 거짓이므로
루아는 쿠키를 먹지 않았습니다.
· 유주는 쿠키를 먹지 않았다는 말이 거짓이므로
쿠키를 몰래 먹은 범인은 유주입니다.

02
· 주영이가 책을 찢지 않았다는 말이 진실이므로
주영이는 책을 찢지 않았습니다.
· 누가 책을 찢었는지 모른다는 해나의 말이 거짓이므로
해나는 누가 책을 찢었는지 알고 있습니다.
· 영수가 책을 찢었다는 말이 거짓이므로
영수는 책을 찢지 않았습니다.
따라서 주영, 영수가 책을 찢지 않았으므로 책을 찢은 범인은
해나입니다.

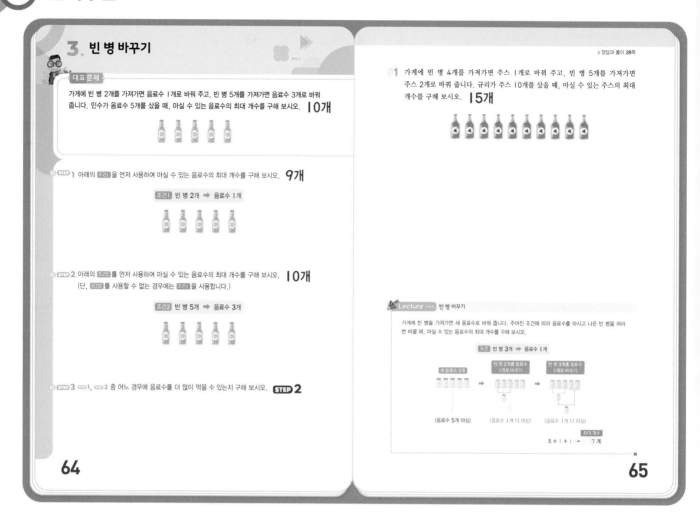

대표 문제

STEP 1

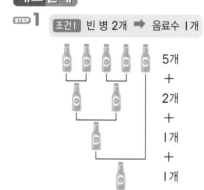

조건1 빈 병 2개 ➡ 음료수 1개

5개
+
2개
+
1개
+
1개

➡ 최대 개수는 5＋2＋1＋1＝9(개)입니다.

STEP 2

조건2 빈 병 5개 ➡ 음료수 3개

(단, 조건2 를 사용할 수 없는 경우에는 조건1 을 사용합니다.)

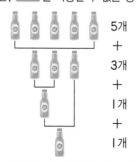

5개
+
3개
+
1개
+
1개

➡ 최대 개수는 5＋3＋1＋1＝10(개)입니다.

01

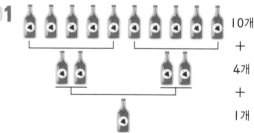

10개
+
4개
+
1개

➡ 최대 개수는 15개입니다.

TIP 빈 병 4개를 가져가면 주스 1병을 주고, 빈 병 5개를 가져가면 주스 2병을 주므로, 먼저 최대한 빈 병 5개를 주스로 바꾸는 것이 최대 개수를 구하는 데 유리합니다.

+ Creative 팩토 +

▶ 정답과 풀이 29쪽

01 탁구 대회에 참가한 8명의 선수들은 예선에서 토너먼트 방식으로 경기를 하여 4명이 본선에 진출합니다. 본선에서는 리그 방식으로 승자를 가린다고 할 때, 대회에서 이루어지는 총 경기 수를 구해 보시오. **10번**

02 친구들의 대화의 진실과 거짓을 보고, 빈칸에 알맞은 숫자를 써넣으시오.

6 3 8 5 ➡ **5 6 3 8**
　　　　　　　　첫째 둘째 셋째 넷째

03 민지가 슈퍼마켓에서 음료수 16개를 사 가지고 집으로 가는 길에 요술 항아리를 주웠습니다. 이 항아리에 빈 병 5개를 넣으면 새 음료수 2개가 나오고, 빈 병 3개를 넣으면 새 음료수 1개가 나옵니다. 민지는 이 요술 항아리를 이용하여 최대 몇 개의 음료수를 마실 수 있습니까? **25개**

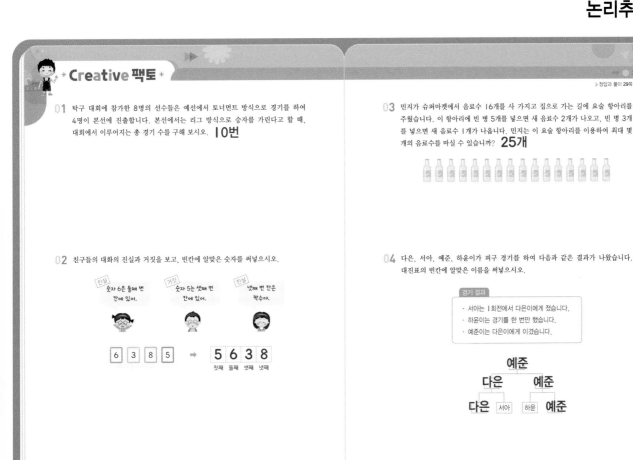

04 다은, 서아, 예준, 하윤이가 피구 경기를 하여 다음과 같은 결과가 나왔습니다. 대진표의 빈칸에 알맞은 이름을 써넣으시오.

경기 결과
• 서아는 1회전에서 다은이에게 졌습니다.
• 하윤이는 경기를 한 번만 했습니다.
• 예준이는 다은이에게 이겼습니다.

예준
다은　　예준
다은 서아 하윤 예준

66

67

---

01 • 예선: 8명이 토너먼트 방식으로 경기하여 4명이 남으려면 4번 경기하면 됩니다.

```
   1       2       3       4
 ┌─┴─┐   ┌─┴─┐   ┌─┴─┐   ┌─┴─┐
 A   B   C   D   E   F   G   H
```

• 본선: 4명이 리그 방식으로 경기하려면
$3+2+1+0=6$(번) 경기해야 합니다.

따라서 총 경기 수는 $4+6=10$(번)입니다.

02 • 숫자 6은 둘째 번 칸에 있어. 진실

	6	
첫째

• 넷째 번 칸은 짝수야. 진실
➡ 짝수는 6, 8인데, 6은 이미 사용했으므로 넷째 번 칸에는 8을 넣어야 합니다.

	6		8
첫째

• 숫자 5는 셋째 번 칸에 있어. 거짓
➡ 숫자 5는 셋째 번 칸에 있지 않으므로 첫째 번 칸에 있습니다.

5	6		8
첫째

03 예시답안

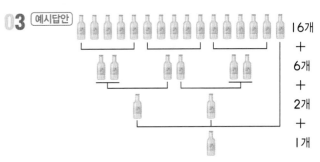

16개
+
6개
+
2개
+
1개

따라서 최대 25개의 음료수를 마실 수 있습니다.

04 • 서아는 1회전에서 다은이에게 졌습니다.
➡ 가장 왼쪽 칸은 다은입니다.
➡ 가장 오른쪽 칸은 예준입니다.

다은
다은 서아 하윤 예준

• 하윤이는 경기를 한 번만 했습니다.
➡ 하윤이와 예준이의 경기에서 예준이가 이겼습니다.

다은　　예준
다은 서아 하윤 예준

• 예준이는 다은이에게 이겼습니다.
➡ 결승은 다은이와 예준이의 대결이었고, 예준이가 이겼습니다.

예준
다은　　예준
다은 서아 하윤 예준

• Creative 팩토 •

▶정답과 풀이 30쪽

05 혜리, 유주, 승기는 강아지, 독수리, 고슴도치 중 서로 다른 동물을 좋아합니다. 친구들의 대화의 진실과 거짓을 보고, 친구들이 좋아하는 동물을 찾아보시오.

• 혜리: 승기는 집에서 키울 수 있는 동물을 좋아해. 진실
• 유주: 혜리는 가시가 있어 만지기 어려운 동물을 좋아하지 않아. 거짓

➡ 혜리 **고슴도치** 유주: **독수리**, 승기: **강아지**

06 다 쓴 초 2개를 가져오면 새 초 1개로 바꿔 주는 이상한 가게가 있습니다. 이 가게의 초는 2시간을 사용하면 꺼진다고 할 때, 처음에 4개의 초를 샀다면 최대 몇 시간 동안 초를 사용할 수 있습니까? (단, 가게에 다녀오는 시간은 생각하지 않습니다.) **14시간**

07 ㉮, ㉯, ㉰ 각각의 계산 결과를 비교하여 큰 수부터 차례로 기호를 써 보시오. **㉰, ㉯, ㉮**

㉮ 4팀이 토너먼트 방식으로 경기할 때의 경기 수
㉯ 4팀이 리그 방식으로 경기할 때의 경기 수
㉰ 1, 2, 3, 4 네 장의 숫자 카드로 만들 수 있는 두 자리 수의 개수

08 친구들의 대화의 진실과 거짓을 보고, 빈칸에 1부터 6까지의 숫자를 써넣으시오.

• 승아: 가로줄의 가운데에 있는 숫자는 1과 5야. 진실
• 연우: 6은 3과 같은 줄에 있어. 거짓
• 희준: 3은 5의 아래쪽 줄의 오른쪽에 있어. 진실
• 혜수: 4는 1과 같은 줄에 있어. 거짓

6	5	4
2	1	3

68

69

05 • 혜리는 가시가 있어 만지기 어려운 동물을 좋아하지 않아라는 말이 거짓이므로
혜리는 가시가 있는 동물인 고슴도치를 좋아합니다.
• 승기는 집에서 키우는 동물을 좋아하므로
승기는 강아지를 좋아합니다.
혜리는 고슴도치를 좋아하고 승기는 강아지를 좋아하므로, 유주가 좋아하는 동물은 독수리입니다.

06 • 처음 4개의 초를 다 쓴 후 2개로 바꿀 수 있습니다.
• 바꾼 2개의 초를 다 쓴 후 1개로 바꿀 수 있습니다.
따라서 사용할 수 있는 초의 개수는 $4+2+1=7$(개)입니다. 1개당 2시간을 사용할 수 있으므로, 사용할 수 있는 시간은 14시간입니다.

07 ㉮ 4팀이 토너먼트 방식으로 경기할 때의 경기 수 ➡ 3
㉯ 4팀이 리그 방식으로 경기할 때의 경기 수
➡ $3+2+1+0=6$
㉰ 1, 2, 3, 4 네 장의 숫자 카드로 만들 수 있는 두 자리 수의 개수 ➡ 12 (12, 13, 14, 21, 23, 24, 31, 32, 34, 41, 42, 43)
따라서 ㉰, ㉯, ㉮ 순서대로 큰 수입니다.

08 • 가로줄의 가운데에 있는 숫자는 1과 5입니다.
➡ 1이 위쪽, 5가 아래쪽 또는 5가 위쪽, 1이 아래쪽에 있을 수 있습니다.

• 그런데 3은 5의 아래쪽 줄의 오른쪽에 있어야 하므로 5는 위쪽에 있어야 합니다.

	5	
	1	3

• 6은 3과 같은 줄에 있다는 말이 거짓이므로 6과 3은 가로줄 또는 세로줄이 서로 다른 줄에 있습니다.

6	5	
	1	3

• 4는 1과 같은 줄에 있다는 말이 거짓이므로 4는 1과 가로줄 또는 세로줄이 서로 같지 않은 줄에 있습니다.

6	5	4
	1	3

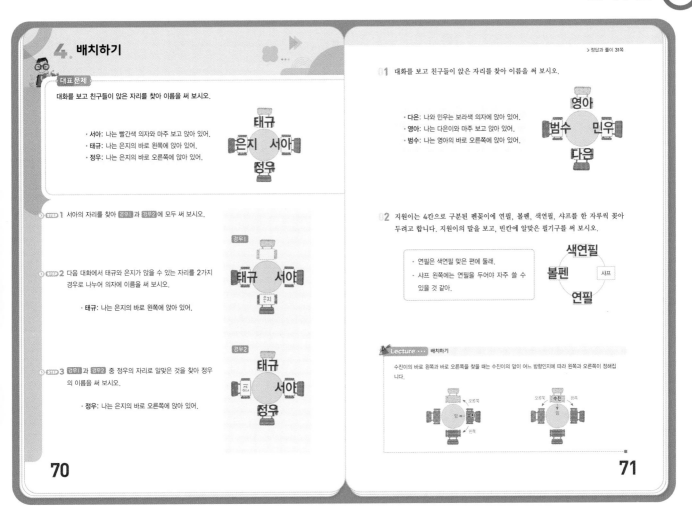

대표 문제

STEP 1 서아: 빨간색 의자와 마주 보고 앉아 있으므로 서아는 보라색 의자에 앉아 있습니다.

STEP 2 **경우1** 은지가 파란색 의자에 앉아 있다면 태규는 은지의 바로 왼쪽이므로 빨간색 의자에 앉아 있습니다.
경우2 은지가 빨간색 의자에 앉아 있다면 태규는 은지의 바로 왼쪽이므로 노란색 의자에 앉아 있습니다.

STEP 3 **경우1** 정우는 은지의 바로 오른쪽에 앉아 있으므로 정우는 보라색 의자에 앉아야 하는데 서아가 앉아 있으므로 맞지 않습니다. (×)
경우2 정우는 은지의 바로 오른쪽에 앉아 있으므로 정우는 파란색 의자에 앉아 있습니다. (○)

01
• 다은이와 민우는 보라색 의자에 앉아야 합니다.
• 범수는 영아의 바로 오른쪽에 앉아 있어야 하므로 영아가 노란색 의자, 범수는 빨간색 의자에 앉아야 합니다.
따라서 다은이는 영아와 마주 보고 앉아 있어야 하므로 다음과 같이 앉을 수 있습니다.

02 샤프 왼쪽에는 연필이 있어야 하고, 색연필은 연필의 맞은 편에 있으므로 다음과 같습니다.

정답과 풀이 **31**

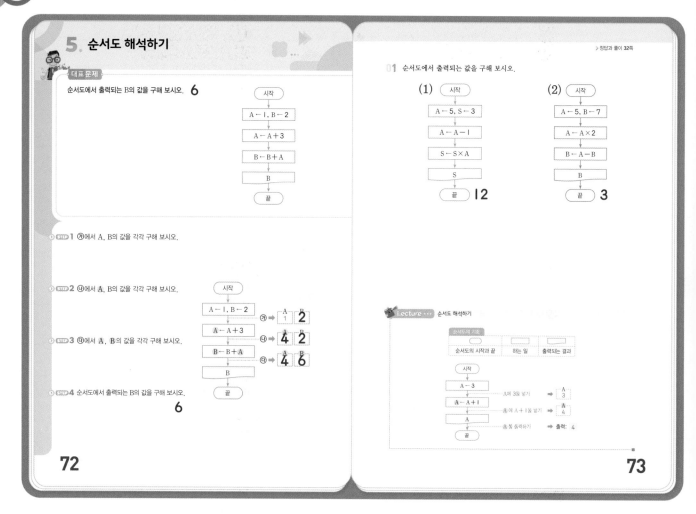

5. 순서도 해석하기

대표 문제

순서도에서 출력되는 B의 값을 구해 보시오. **6**

```
시작
↓
A ← 1, B ← 2
↓
A ← A + 3
↓
B ← B + A
↓
B
↓
끝
```

> **STEP 1** ㉮에서 A, B의 값을 각각 구해 보시오.

> **STEP 2** ㉯에서 A, B의 값을 각각 구해 보시오.

> **STEP 3** ㉰에서 A, B의 값을 각각 구해 보시오.

> **STEP 4** 순서도에서 출력되는 B의 값을 구해 보시오. **6**

72

01 순서도에서 출력되는 값을 구해 보시오.

(1)
```
시작
↓
A ← 5, S ← 3
↓
A ← A − 1
↓
S ← S × A
↓
S
↓
끝   12
```

(2)
```
시작
↓
A ← 5, B ← 7
↓
A ← A × 2
↓
B ← A − B
↓
B
↓
끝   3
```

> 정답과 풀이 32쪽

Lecture ··· 순서도 해석하기

73

대표 문제

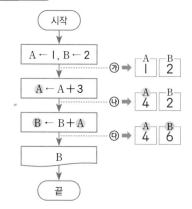

```
시작
↓
A ← 1, B ← 2   ㉮ ➡ A:1  B:2
↓
A ← A + 3   ㉯ ➡ A:4  B:2
↓
B ← B + A   ㉰ ➡ A:4  B:6
↓
B
↓
끝
```

➡ B의 값을 출력하므로 6이 출력됩니다.

01 (1)
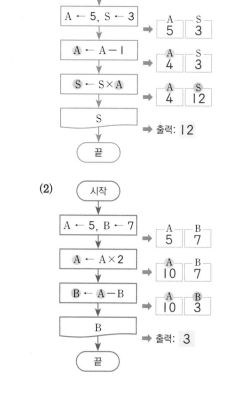

```
시작
↓
A ← 5, S ← 3   ➡ A:5  S:3
↓
A ← A − 1   ➡ A:4  S:3
↓
S ← S × A   ➡ A:4  S:12
↓
S   ➡ 출력: 12
↓
끝
```

(2)
```
시작
↓
A ← 5, B ← 7   ➡ A:5  B:7
↓
A ← A × 2   ➡ A:10  B:7
↓
B ← A − B   ➡ A:10  B:3
↓
B   ➡ 출력: 3
↓
끝
```

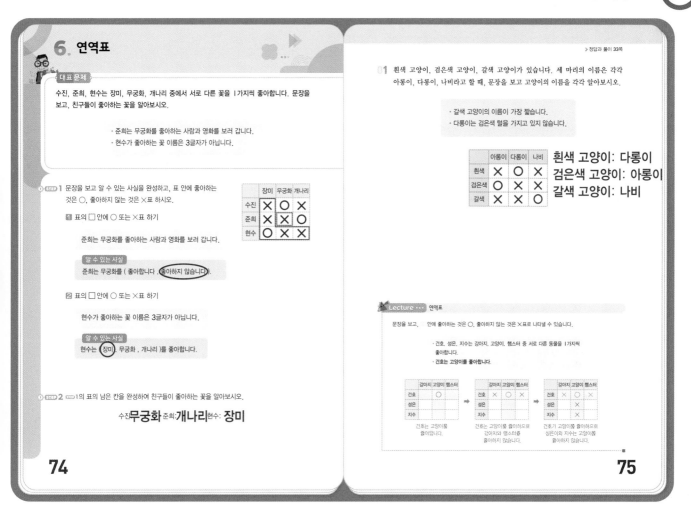

대표 문제

STEP 1 **1** 준희는 무궁화를 좋아하지 않습니다.

	장미	무궁화	개나리
수진			
준희		✕	
현수			

2 현수가 좋아하는 꽃은 장미입니다.

	장미	무궁화	개나리
수진	✕		
준희	✕	✕	
현수	○	✕	✕

STEP 2 • 준희는 장미와 무궁화를 좋아하지 않으므로 좋아하는 꽃은 개나리입니다.
• 준희는 개나리, 현수는 장미를 좋아하므로 수진이가 좋아하는 꽃은 무궁화입니다.

	장미	무궁화	개나리
수진	✕	○	✕
준희	✕	✕	○
현수	○	✕	✕

01 • 갈색 고양이의 이름이 가장 짧으므로 갈색 고양이는 나비입니다.

	아롱이	다롱이	나비
흰색			✕
검은색			✕
갈색	✕	✕	○

• 다롱이는 검은색 털이 아니므로 다롱이는 흰색 고양이입니다.

	아롱이	다롱이	나비
흰색		○	✕
검은색		✕	✕
갈색	✕	✕	○

• 흰색 고양이는 다롱이, 갈색 고양이는 나비이므로 검은색 고양이는 아롱이입니다.

	아롱이	다롱이	나비
흰색	✕	○	✕
검은색	○	✕	✕
갈색	✕	✕	○

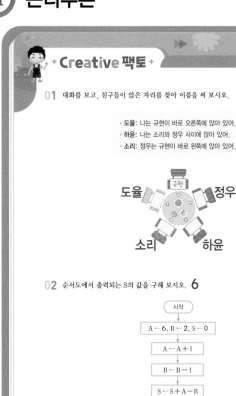

+ Creative 팩토 +

> 정답과 풀이 34쪽

01 대화를 보고, 친구들이 앉은 자리를 찾아 이름을 써 보시오.

- 도율: 나는 규현이 바로 오른쪽에 앉아 있어.
- 하윤: 나는 소리와 정우 사이에 앉아 있어.
- 소리: 정우는 규현이 바로 왼쪽에 앉아 있어.

도율   규현   정우

소리   하윤

02 순서도에서 출력되는 S의 값을 구해 보시오. **6**

```
시작

A ← 6, B ← 2, S ← 0

A ← A + I

B ← B - I

S ← S + A - B

S

끝
```

03 아기 돼지 3형제가 짚, 나무, 벽돌 중 서로 다른 I가지를 사용하여 집을 지었습니다. 문장을 보고, 표를 이용하여 벽돌로 지은 집은 몇째 돼지의 집인지 알아보시오.   **셋째 돼지**

- 늑대가 불을 지르자 첫째 돼지의 집은 활활 타 버렸습니다.
- 둘째 돼지는 무거운 것을 못 들어서 가장 가벼운 재료로 집을 지었습니다.

	짚	나무	벽돌
첫째	✕	○	✕
둘째	○	✕	✕
셋째	✕	✕	○

04 다인, 재윤, 예서, 우현이가 놀이공원에서 그림과 같은 놀이기구를 탔습니다. 문장을 보고, 빈 곳에 친구들의 이름을 써 보시오.

- 지상에서 볼 때, 재윤이와 같은 높이에 예서가 있습니다.
- 화살표 방향으로 반 바퀴를 돌고 나면 I2시 방향에 다인이가 있게 되고, 9시 방향에는 재윤이가 있게 됩니다.

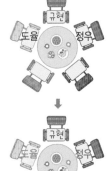

우현

예서   재윤

다인

12시 방향
9시 방향   3시 방향
6시 방향

76

77

01
- 도율이는 규현이 바로 오른쪽에 앉아 있습니다.
- 정우는 규현이 바로 왼쪽에 앉아 있습니다.

- 하윤이는 소리와 정우 사이에 앉아 있습니다.

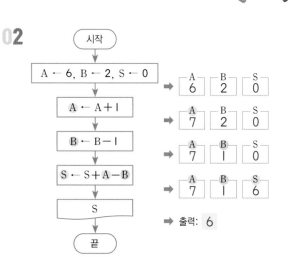

02

```
시작

A ← 6, B ← 2, S ← 0

A ← A + I

B ← B - I

S ← S + A - B

S

끝
```

⇒ | A 6 | B 2 | S 0 |

⇒ | A 7 | B 2 | S 0 |

⇒ | A 7 | B I | S 0 |

⇒ | A 7 | B I | S 6 |

⇒ 출력: 6

03
- 첫째 돼지의 집은 불에 타는 것이므로, 짚 또는 나무로 지었습니다.

	짚	나무	벽돌
첫째			✕
둘째			
셋째			

- 둘째 돼지는 가장 가벼운 재료로 지었으므로 짚으로 지었습니다.
➡ 첫째 돼지의 집은 나무로 지었습니다.

	짚	나무	벽돌
첫째	✕	○	✕
둘째	○	✕	✕
셋째	✕	✕	

따라서 셋째 돼지의 집은 벽돌로 지었습니다.

	짚	나무	벽돌
첫째	✕	○	✕
둘째	○	✕	✕
셋째	✕	✕	○

04
- 화살표 방향으로 반 바퀴를 돌고 나면 I2시 방향에 다인이가 있게 되고, 9시 방향에는 재윤이가 있게 됩니다.

재윤

다인

- 지상에서 볼 때, 재윤이와 같은 높이에 예서가 있습니다.

따라서 가장 높은 곳는 우현이가 있습니다.

우현

예서   재윤

다인

〉정답과 풀이 35쪽

05 서준이는 A, B 두 수의 곱 S를 구하는 순서도를 그렸습니다. 순서도를 완성하고 출력되는 S의 값을 구해 보시오. **15**

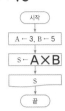

06 수정, 태준, 세미는 2, 5, 7 중 서로 다른 수를 1가지씩 좋아합니다. 문장을 보고, 표를 이용하여 친구들이 좋아하는 수를 알아보시오.

수정: 2
태준: 5
세미: 7

• 세미는 5를 좋아하지 않습니다.
• 태준이는 2를 좋아하는 친구와 친합니다.
• 수정이는 홀수를 좋아하지 않습니다.

07 놀이공원의 입장 요금을 구하는 순서도입니다. 입장 요금표를 완성해 보시오.

놀이공원 입장 요금표

분류	입장 요금
나이가 **8** 살보다 적거나 같은 경우	**3000** 원
나이가 **8** 살보다 많고, **20** 살보다 적거나 같은 경우	**5000** 원
나이가 **20** 살보다 많은 경우	**10000** 원

78

79

---

05 두 수 A, B의 곱이 S이므로, S에는 $A \times B$를 넣어야 합니다.

06 • 세미는 5를 좋아하지 않고, 태준이는 2를 좋아하는 친구와 친하므로 태준이는 2를 좋아하지 않습니다.

	2	5	7
수정			
태준	×		
세미		×	

• 수정이는 홀수를 좋아하지 않으므로 수정이가 좋아하는 수는 2입니다.

	2	5	7
수정	○	×	×
태준	×		
세미	×	×	

따라서 세미는 7을, 태준이는 5를 좋아합니다.

07

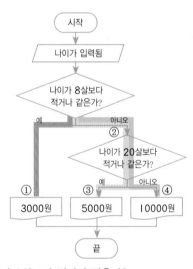

① 나이가 8살보다 적거나 같은가?
➡ '예'인 경우는 나이가 8살보다 적거나 같은 경우입니다. (3000원)
② 나이가 8살보다 적거나 같은가?
➡ '아니오'인 경우는 나이가 8살보다 많은 경우입니다.
③ 나이가 20살보다 적거나 같은가?
➡ '예'인 경우는 나이가 20살보다 적거나 같은 경우입니다. (5000원)
④ 나이가 20살보다 적거나 같은가?
➡ '아니오'인 경우는 나이가 20살보다 많은 경우입니다. (10000원)

Ⅲ 논리추론

+ Perfect 경시대회 +

01 대화를 보고, 유주, 태리, 시아, 재우, 승현이가 앉은 자리를 찾아 이름을 써 보시오.

- 유주: 나는 노란색 의자에 앉아 있어.
- 태리: 나는 시아의 바로 오른쪽에 앉아 있어.
- 재우: 내 바로 옆자리에는 유주와 시아가 있어.

02 다연, 민희, 준서는 빨간색, 파란색, 노란색, 초록색 중 2가지 색깔을 좋아합니다. 민희가 좋아하는 2가지 색깔은 무엇인지 써 보시오. **파란색, 초록색**

- 민희와 준서는 빨간색을 좋아하지 않습니다.
- 노란색을 좋아하는 사람은 다연이와 준서입니다.
- 빨간색과 초록색을 좋아하는 사람은 각각 1명입니다.

80

> 정답과 풀이 36쪽

03 채윤이는 A, B, C 세 수의 합 S를 구하는 순서도를 그렸습니다. 순서도를 완성해 보시오.

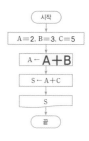

Key Point
S는 A+B+C입니다.
S ← A+C에서 A가 무엇이어야
하는지 생각해 봅니다.

04 가게에 빈 병 5개를 가져가면 새 음료수 2개로 바꿔 주고, 빈 병 4개를 가져가면 새 음료수 1개로 바꿔 줍니다. 음료수 15개를 마시기 위해서는 처음에 적어도 음료수를 몇 개 사야 합니까? **10개**

81

01
- 유주는 노란색 의자에 앉아 있고, 재우의 바로 옆자리에는 유주와 시아가 있으므로 재우는 파란색 또는 초록색 의자에 앉아 있습니다.
- 재우가 초록색 의자에 앉게 되면 빨간색 의자에 시아가 앉게 되고, 태리는 시아의 오른쪽에 앉지 못하게 됩니다. (✕) 따라서 재우는 파란색 의자, 시아는 보라색 의자, 태리는 빨간색 의자에 앉아야 합니다.
그리고 남은 초록색 의자에 승현이가 앉습니다.

02 연역표로 나타내어 문제를 해결해 봅니다.
- 민희와 준서는 빨간색을 좋아하지 않고, 노란색을 좋아하는 사람은 다연이와 준서이므로 민희는 노란색을 좋아하지 않습니다.

	빨간색	파란색	노란색	초록색
민희	✕		✕	
다연			◯	
준서	✕		◯	

- 민희는 파란색과 초록색을 좋아하고, 초록색을 좋아하는 사람은 1명이므로 준서는 파란색을 좋아합니다.

	빨간색	파란색	노란색	초록색
민희	✕	◯	✕	◯
다연	◯	✕	◯	✕
준서	✕	◯	◯	✕

- 다연이는 빨간색을 좋아합니다.

03 S는 A+C이므로, A가 A+B가 되어야 합니다.

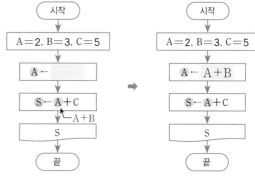

04 처음에 음료수 9개를 사면 최대 1개를 마실 수 있습니다.
따라서 적어도 음료수 10개를 사야 15개를 마실 수 있습니다.

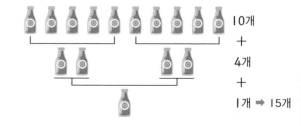

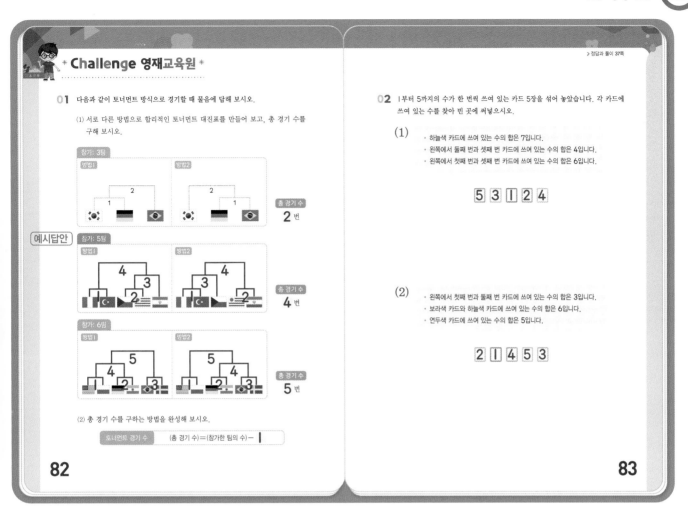

01 (1) 토너먼트의 대진표를 그리는 데는 여러 가지 방법이 있습니다.

>TIP 대진표를 어떻게 그리든지, 총 경기 수는 같습니다.
3팀이 토너먼트 방식으로 경기할 때 총 경기 수는 2번입니다.
5팀이 토너먼트 방식으로 경기할 때 총 경기 수는 4번입니다.
6팀이 토너먼트 방식으로 경기할 때 총 경기 수는 5번입니다.

(2) 따라서 토너먼트 방식으로 경기할 때 총 경기 수는 참가한 팀의 수에서 1을 뺀 것임을 알 수 있습니다.

02 (1) ① 하늘색 카드에 쓰여 있는 수의 합은 7이므로 하늘색 카드에는 (2, 5) 또는 (3, 4)가 들어가야 합니다.
② 왼쪽에서 둘째 번과 셋째 번에 쓰여 있는 수의 합은 4이므로 (1, 3)이 들어가야 합니다.
①, ②에 의해서 둘째 번 카드에는 ①, ②에 공통으로 들어갈 수 있는 3, 셋째 번 카드에는 1, 다섯째 번 카드에는 4가 들어가야 합니다.
왼쪽에서 첫째 번과 셋째 번 카드에 쓰여 있는 수의 합이 6이므로 첫째 번 카드는 5이고, 넷째 번 카드는 남은 수 카드인 2입니다.

(2) 왼쪽에서 첫째 번 카드와 둘째 번 카드에 쓰여 있는 수의 합은 3이므로 (1, 2)가 들어가야 합니다.
① 첫째 번 카드가 1일 때, 둘째 번 카드는 2이고, 하늘색 카드인 넷째 번 카드는 4, 연두색 카드인 다섯째 번 카드도 4가 되어야 하므로 맞지 않습니다.
② 첫째 번 카드가 2일 때, 둘째 번 카드는 1이고, 하늘색 카드인 넷째 번 카드는 5, 연두색 카드인 다섯째 번 카드는 3이 됩니다.
따라서 나머지 셋째 번 카드는 4가 됩니다.

01 수 카드 ③, ④, ⑥, ⑧ 중 3장을 사용하여 계산 결과가 10이 되도록 만들려고 합니다. 빈 곳에 알맞은 수를 써넣으시오.

$$\boxed{8} - \boxed{4} + \boxed{6} = 10$$

또는 $6 - 4 + 8 = 10$

02 주어진 숫자 카드를 한 번씩만 사용하여 계산 결과가 100에 가장 가까운 덧셈식을 만들어 보시오.

$$\boxed{1} \quad \boxed{4} \quad \boxed{5} \quad \boxed{6}$$

(예시답안)
$$\begin{array}{r} 5\,6 \\ +\ 4\,1 \\ \hline 9\,7 \end{array}$$

03 다음은 1부터 8까지의 숫자를 한 번씩만 사용하여 만든 덧셈식입니다.   안에 알맞은 숫자를 써넣어 식을 완성해 보시오.

$$\begin{array}{r} 5\ 7\ 8 \\ +\quad 4\ 3 \\ \hline 6\ 2\ 1 \end{array}$$

04 오른쪽과 아래쪽에 있는 수는 각 줄의 모양이 나타내는 수들의 합입니다. 빈칸에 알맞은 수를 써넣으시오. (단, 같은 모양은 같은 수를, 다른 모양은 다른 수를 나타냅니다.)

●	◆	●	19
▲	◆	▲	**23**
★	◆	▲	15
17	15	25	

2

3

---

01 $\boxed{} - \boxed{} + \boxed{} = 10 \Rightarrow \boxed{} + \boxed{} = 10$

먼저 두 수의 합이 10이 되는 경우를 찾고,
두 수의 차가 그중 한 개의 수가 되는 경우를 찾습니다.

➡ $7 + 3 = 10$
$6 + 4 = 10$
$4 + 6 = 10$
 ↳ $8 - 4 = 4$
$2 + 8 = 10$
 ↳ $6 - 4 = 2$

02 100에 가장 가까운 덧셈식을 만들기 위해서는 십의 자리에 5와 4를 넣거나 6과 4를 넣어 비교해 봅니다.
• 십의 자리에 5와 4를 넣을 때
 $56 + 41 = 97$ 또는 $51 + 46 = 97$
• 십의 자리에 6과 4를 넣을 때
 $65 + 41 = 106$ 또는 $61 + 45 = 106$
따라서 $56 + 41$ 또는 $51 + 46$의 계산 결과가 100에 더 가깝습니다.

03 계산 결과의 백의 자리 숫자가 6이므로 십의 자리에서 받아올림해야 합니다. 따라서 더해지는 수의 백의 자리 숫자는 5입니다.
남은 숫자는 1, 2, 4, 8인데 더해지는 수의 일의 자리에 2를 넣으면 $2 + 3 = 5$이므로 안되고 4를 넣으면 $4 + 3 = 7$이므로 안됩니다.
1을 넣으면 남는 수는 2와 8이 되어 맞지 않습니다.
따라서 더해지는 수의 일의 자리 숫자는 8이 될 수밖에 없습니다.

$$\begin{array}{r} 5\ 7\ 1 \\ +\qquad 3 \\ \hline 6\quad 4 \end{array}$$

$$\begin{array}{r} 5\ 7\ 8 \\ +\quad 4\ 3 \\ \hline 6\ 2\ 1 \end{array}$$

04 ◆ + ◆ + ◆ = 15 ➡ ◆ = 5
● + ◆ + ● = 19 ➡ ● = 7
● + ▲ + ▲ = 25 ➡ ▲ = 9
★ + ◆ + ▲ = 15 ➡ ★ = 1
따라서 ▲ + ◆ + ▲ = 9 + 5 + 9 = 23,
● + ▲ + ★ = 7 + 9 + 1 = 17입니다.

05 ☐ 안에 1부터 7까지의 숫자를 한 번씩만 써넣어 다음 식을 만들 때, 계산 결과가 가장 작을 때의 값을 구해 보시오. **83**

$$☐☐☐ + ☐☐ - ☐☐$$

06 주어진 숫자 카드를 한 번씩만 사용하여 다음 뺄셈식을 완성해 보시오.

$$\boxed{2}\ \boxed{4}\ \boxed{5}\ \boxed{6}$$

$$\begin{array}{r} \boxed{6}\,\boxed{4} \\ -\ 3\,\boxed{5} \\ \hline \boxed{2}\ 9 \end{array}$$

07 다음 덧셈식에서 ㉮－㉰의 값을 구해 보시오. (단, 같은 문자는 같은 숫자를, 다른 문자는 다른 숫자를 나타냅니다.) **1**

$$\begin{array}{r} ㉮\ ㉯ \\ +\ ㉯\ ㉰ \\ \hline 9\ 8 \end{array}$$

08 다음 식에서 ▲, ◆, ♥이 나타내는 수를 각각 구하시오. (단, 같은 모양은 같은 수를, 다른 모양은 다른 수를 나타냅니다.) **▲=11, ◆=14, ♥=6**

$$▲ + ◆ = 25$$
$$◆ - ♥ = 8$$
$$▲ + ◆ - ♥ = 19$$

4

5

---

05 계산 결과가 가장 작으려면 빼는 수가 1부터 7까지의 숫자로 만들 수 있는 두 자리 수 중 가장 큰 수인 76이어야 합니다. 남은 숫자로 합이 가장 작은 (세 자리 수)+(두 자리 수)를 만듭니다.

➡ 124＋35－76 또는 125＋34－76
또는 135＋24－76 또는 134＋25－76

06 뺄셈식을 덧셈식으로 바꾸어 생각합니다.

$$\begin{array}{r} \boxed{}\,\boxed{} \\ -\ 3\,\boxed{} \\ \hline \boxed{}\ 9 \end{array} \quad ➡ \quad \begin{array}{r} \boxed{}\ 9 \\ +\ 3\,\boxed{} \\ \hline \boxed{}\,\boxed{} \end{array}$$

더하는 수 3☐의 일의 자리에는 5 또는 6이 들어갈 수 있습니다. 3☐의 일의 자리가 6일 때 나머지 십의 자리를 완성할 수 없습니다.

따라서 3☐의 일의 자리는 5이고 나머지 ☐ 안에 알맞은 수를 써넣으면 다음과 같습니다.

$$\begin{array}{r} \boxed{2}\ 9 \\ +\ 3\,\boxed{5} \\ \hline \boxed{6}\,\boxed{4} \end{array} \quad ➡ \quad \begin{array}{r} \boxed{6}\,\boxed{4} \\ -\ 3\,\boxed{5} \\ \hline \boxed{2}\ 9 \end{array}$$

07 ㉮=8일 때 ㉯=1이므로 ㉰=7 ➡ ㉮－㉰=1
㉮=7일 때 ㉯=2이므로 ㉰=6 ➡ ㉮－㉰=1
㉮=6일 때 ㉯=3이므로 ㉰=5 ➡ ㉮－㉰=1
㉮=5일 때 ㉯=4이므로 ㉰=4 ➡ ㉮－㉰=1
㉮=4일 때 ㉯=5이므로 ㉰=3 ➡ ㉮－㉰=1
㉮=3일 때 ㉯=6이므로 ㉰=2 ➡ ㉮－㉰=1
㉮=2일 때 ㉯=7이므로 ㉰=1 ➡ ㉮－㉰=1
㉮=1일 때 ㉯=8이므로 ㉰=0 ➡ ㉮－㉰=1
따라서 ㉮－㉰는 항상 1입니다.

별해 일의 자리 ㉯＋㉰에서 받아올림이 있으면 ㉮＋㉯＝8이 되어 ㉯＋㉰와 같아집니다. ㉮와 ㉰는 다른 숫자이므로 ㉯＋㉰는 받아올림이 없어야 합니다. 그러므로 ㉮＋㉯＝9가 되어 ㉯＋㉰＝8보다 1만큼 큽니다. ㉯는 공통으로 들어가 있으므로 ㉮는 ㉰보다 1만큼 큽니다.

➡ ㉮－㉰＝1

08 ▲＋◆＝25이고, ▲＋◆－♥＝19 ➡ ♥＝6
◆－♥＝8 ➡ ◆＝14
▲＋◆＝25 ➡ ▲＝11

09 다음 ☐ 안에 $+$, $-$를 써넣어 2가지 방법으로 식을 완성해 보시오.

방법1 $10 - 8 + 6 + 4 - 2 = 10$

방법2 $10 + 8 - 6 - 4 + 2 = 10$

10 다음 식에서 ◆이 ●보다 큰 수일 때 ◆, ●, ▲이 나타내는 숫자를 각각 구해 보시오. (단, 같은 모양은 같은 숫자를, 다른 모양은 다른 숫자를 나타냅니다.)

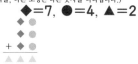

$$◆=7, ●=4, ▲=2$$

```
    ◆ ●
    ◆ ●
  + ◆ ●
  ▲ ▲ ▲
```

수고하셨습니다!

정답과 풀이 38쪽 ▶

6

---

09 $10+8+6+4+2=30$이므로 계산 결과를 10으로 만들려면 20에서 10을 빼야 합니다.
➡ $10+8-6-4+2=10$ 또는
$10-8+6+4-2=10$

10 ・ ▲이 1인 경우
●을 세 번 더한 결과의 일의 자리 숫자가 1이어야 하므로
●은 7이고 ●을 세 번 더한 결과는 21입니다.
$2+◆+◆+◆$이 11이 되려면
$◆+◆+◆$는 9여야 합니다. 따라서 ◆은 3이 됩니다.
그런데 ◆은 ●보다 큰 수여야 하므로 맞지 않습니다.
・ ▲가 2인 경우
●을 세 번 더한 결과의 일의 자리 숫자가 2여야 하므로
●은 4이고 ●을 세 번 더한 결과는 12입니다.
$1+◆+◆+◆$이 22가 되려면
$◆+◆+◆$은 21이어야 합니다.
따라서 ◆은 7이 됩니다.
따라서 ◆=7, ●=4, ▲=2입니다.

01 다음 모양을 만들기 위해 필요한 ⑦, ⓝ 블록은 각각 몇 개인지 구해 보시오.

⑦: **5개**, ⓝ: **2개**

블록

02 블록으로 쌓은 모양을 보고, 위, 앞, 옆에서 본 모양을 그린 후 각 칸에 알맞은 색깔을 써 보시오. (단, 노랑은 '노', 보라는 '보', 연두는 '연', 파랑은 '파'로 써 보시오.)

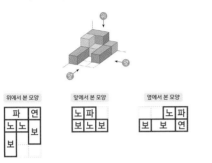

위에서 본 모양

파	연
노	노	보
보		

앞에서 본 모양

	노	파
보	노	보

옆에서 본 모양

	노	파
보	보	연

03 다음 중 다른 주사위 한 개를 찾아 기호를 써 보시오. (단, 주사위의 마주 보는 두 면의 눈의 수의 합은 7입니다.) ⓝ

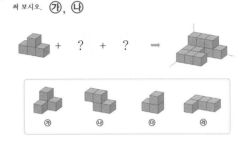

⑦ ⓝ ⓒ ⓒ

04 서로 다른 3개의 조각으로 만든 모양을 보고 나머지 2개의 조각을 찾아 기호를 써 보시오. ⑦, ⓝ

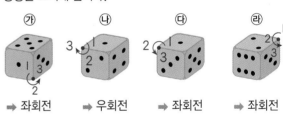

+ ? + ? →

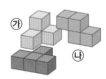

⑦ ⓝ ⓒ ⓒ

8

9

---

01 왼쪽 모양에서 분홍색 블록이 없을 때의 모습을 생각해 봅니다.

오른쪽 모양에서 파란색 블록은 2개, 노란색 블록은 2개이므로 주어진 모양을 만들기 위해 필요한 파란색 블록은 5개, 노란색 블록은 2개입니다.

02 위, 앞, 옆에서 본 모양을 그리면 다음과 같습니다.

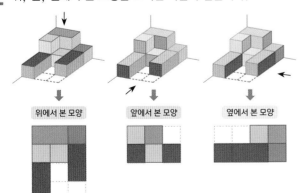

위에서 본 모양   앞에서 본 모양   옆에서 본 모양

03 눈의 수 1, 2, 3이 모여 있는 주사위의 꼭짓점을 찾아 회전 방향을 표시해 봅니다.

⑦   ⓝ   ⓒ   ⓒ

➡ 좌회전   ➡ 우회전   ➡ 좌회전   ➡ 좌회전

04 주어진 모양은 다음 3개의 조각으로 만들 수 있습니다.

⑦
ⓝ

형성평가 공간 영역

05 구멍 뚫린 색종이 3장을 겹친 모양을 보고 가장 위에 있는 색종이부터 차례로 1, 2, 3을 써 보시오. (단, 주어진 색종이를 돌리거나 뒤집지 않습니다.)

3 2 1

06 다음과 같이 색종이를 2번 접어 검은색으로 칠한 부분을 잘랐습니다. 색종이를 펼쳤을 때 잘려진 부분에 색칠해 보시오.

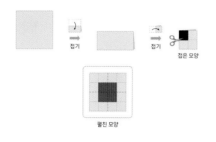

07 다음 모양을 만들기 위해 필요한 ㉮, ㉯ 블록은 각각 몇 개인지 구해 보시오.

㉮: **3개**, ㉯: **4개**

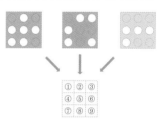

08 구멍 뚫린 색종이 3장을 겹친 후 다음 종이 위에 올려놓을 때, 보이는 번호를 모두 찾아 써 보시오. (단, 주어진 색종이를 돌리거나 뒤집지 않습니다.) **④, ⑦**

10

11

---

05 겹친 모양에서 파란색 색종이가 가장 위에 있습니다.

또한 위의 그림과 같이 파란색 색종이의 ◯ 표시된 구멍의 위치에서 보면 분홍색과 노란색 색종이가 모두 막혀 있는데 겹친 모양에서 노란색이 보이므로 둘째 번으로 놓인 것은 노란색 색종이, 셋째 번으로 놓인 것은 분홍색 색종이입니다.

06 접은 순서와 반대로 펼친 모양을 생각하여 그립니다. 잘려진 부분은 접은 선을 기준으로 대칭입니다.

  펼치기 펼치기

07 왼쪽 모양에서 분홍색 블록이 없을 때의 모습을 생각해 봅니다.

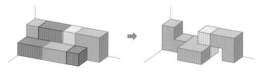

오른쪽 모양에서 파란색 블록은 3개, 노란색 블록은 1개이므로 주어진 모양을 만들기 위해 필요한 파란색 블록은 3개, 노란색 블록은 4개입니다.

08 색종이 3장 모두 구멍이 뚫려 있는 곳은 다음과 같으므로 보이는 번호는 ④, ⑦입니다.

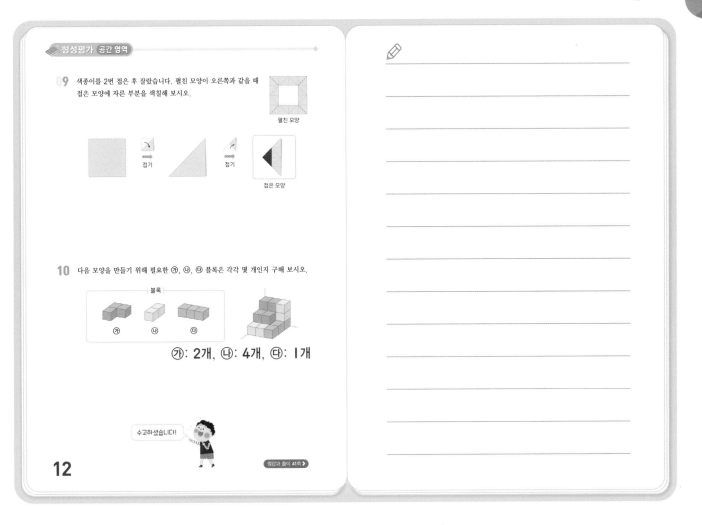

정답과 풀이 41쪽 ▶

12

---

09 펼친 모양을 접어가며 잘린 부분을 색칠해 봅니다.

  접기 접기

10 분홍색 블록이 없을 때의 모습을 생각해 봅니다.

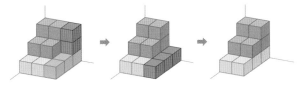

따라서 주어진 모양을 만들기 위해 필요한 블록은 ㉮ 2개, ㉯ 4개, ㉰ 1개입니다.

평가

01 하율이네 학교에서 6개 반이 줄다리기 경기를 하려고 합니다. 리그 방식으로 경기를 한다면 토너먼트 방식으로 경기를 할 때보다 몇 번 더 경기를 해야 하는지 구해 보시오. **10번**

02 친구들의 대화의 진실과 거짓을 보고, 공을 잃어버린 범인 1명을 찾아보시오. **주하**

이준: 윤호가 공을 잃어버렸어. 거짓

주하: 나는 누가 공을 잃어버렸는지 몰라. 거짓

윤호: 이준이는 공을 잃어버리지 않았어. 진실

03 가게에 빈 병 3개를 가져가면 음료수 1개로 바꿔 준다고 합니다. 서하가 음료수 11개를 샀을 때, 마실 수 있는 음료수의 최대 개수를 구해 보시오. **16개**

04 대화를 보고, 친구들이 앉은 자리를 찾아 이름을 써 보시오.

· 지희: 나와 서현이는 노란색 의자에 앉아 있어.
· 서현: 나는 노아와 마주 보고 앉아 있어.
· 노아: 나는 성윤이의 바로 왼쪽에 앉아 있어.

14

15

---

01 · 6개 반이 리그 방식으로 경기하는 총 경기 수는
$5+4+3+2+1=15$입니다.
· 6개 반이 토너먼트 방식으로 경기하는
총 경기 수는 5입니다.

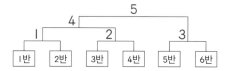

따라서 리그 방식으로 경기를 하면
$15-5=10$(번) 더 경기를 해야 합니다.

02 · 윤호가 공을 잃어버렸다는 말이 거짓이므로
윤호는 공을 잃어버리지 않았습니다.
· 이준이가 공을 잃어버리지 않았다는 말이 진실이므로
이준이도 공을 잃어버리지 않았습니다.
따라서 공을 잃어버린 사람은 주하입니다.

03

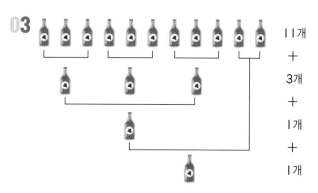

11개
+
3개
+
1개
+
1개

따라서 마실 수 있는 음료수의 최대 개수는 16개입니다.

04 · 지희와 서현이는 노란색 의자에 앉아 있고, 서현이는 노아
와 마주 보고 앉아 있으므로 다음 2가지 경우가 있습니다.

경우1 노아가 빨간색 의자에 앉은 경우, 성윤이는 파란색 의자에
앉게 되어 노아는 성윤이의 왼쪽에 앉게 됩니다. (○)
경우2 노아가 파란색 의자에 앉은 경우, 성윤이는 빨간색 의자에
앉게 되어 노아는 성윤이의 오른쪽에 앉게 됩니다. (×)

05 순서도에서 출력되는 B의 값을 구해 보시오. **6**

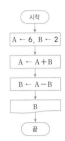

06 단팥빵, 초코빵, 크림빵이 각각 1개씩 있습니다. 이한, 민서, 지우는 좋아하는 **빵**을 골라 1개씩 먹었습니다. 문장을 보고, 표를 이용하여 지우가 먹은 빵은 무엇인지 알아보시오. **초코빵**

- 이한이는 단팥빵을 좋아합니다.
- 민서는 초코빵을 좋아하는 사람과 친합니다.

07 다윤, 민준, 도율, 채원이가 탁구 경기를 하여 다음과 같은 결과가 나왔습니다. 대진표의 빈칸에 알맞은 이름을 써넣으시오.

경기 결과
- 도율이는 1회전에서 민준이에게 졌습니다.
- 민준이는 채원이에게 졌습니다.
- 다윤이는 경기를 한 번만 했습니다.

08 준수네 학교 매점에서 빈 음료수 병 3개를 가져가면 새 음료수 1개를 주고, 빈 음료수 병 4개를 가져가면 새 음료수 2개를 주는 행사를 하고 있습니다. 준수는 친구들과 한 개씩 나누어 마시기 위해 음료수 13개를 샀습니다. 실제로 음료수를 마실 수 있는 사람은 모두 몇 명입니까? **24명**

16

17

05

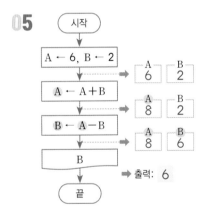

→ 출력: 6

06
- 이한이는 단팥빵을 먹었습니다.
- 민서는 초코빵을 좋아하는 사람과 친하므로 초코빵을 먹지 않았습니다.
  → 크림빵을 먹었습니다.

따라서 지우는 초코빵을 먹었습니다.

	단팥빵	초코빵	크림빵
이한	○	×	×
민서	×	×	○
지우	×	○	×

07
- 도율이와 민준이는 1회전을 했으므로 다윤이와 채원이가 대결했습니다.
- 다윤이는 경기를 한 번만 했으므로 이긴 사람은 채원이입니다.
- 민준이와 채원이의 경기에서 채원이가 이겼습니다.

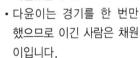

08

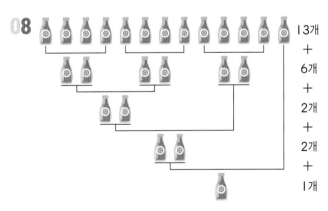

13개
+
6개
+
2개
+
2개
+
1개

따라서 실제로 음료수를 마실 수 있는 사람은 모두 24명입니다.

형성평가 논리추론 영역

09 키즈 카페의 이용료를 구하는 순서도입니다. 회원이 아닌 윤하가 1시간 동안 이용했을 때, 이용료를 구해 보시오. **6000원**

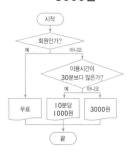

10 장미, 국화, 카네이션이 1송이씩 있습니다. 준서, 도현, 시아는 각각 다른 꽃을 골라 부모님께 선물했습니다. 문장을 보고, 표를 이용하여 카네이션을 선물한 사람은 누구인지 알아보시오. **도현**

- 시아가 선물한 꽃의 이름은 2글자입니다.
- 도현이의 부모님과 시아의 부모님은 국화를 좋아하지 않습니다.

	장미	국화	카네이션
준서	✕	○	✕
도현	✕	✕	○
시아	○	✕	✕

수고하셨습니다!

18

정답과 풀이 44쪽 ▶

09

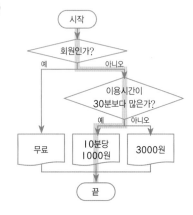

윤하는 회원이 아니고 1시간 동안 이용했으므로
10분당 1000원의 이용료를 내야 합니다.
따라서 이용료는 1000 × 6 = 6000(원)입니다.

10 · 도현이의 부모님과 시아의 부모님은 국화를 좋아하지 않습니다.
➡ 준서는 국화를 선물했습니다.
· 시아가 선물한 꽃의 이름은 2글자이므로 시아는 장미를 선물했습니다.

	장미	국화	카네이션
준서	✕	○	✕
도현	✕	✕	○
시아	○	✕	✕

따라서 카네이션을 선물한 사람은 도현입니다.

총괄평가

01 3부터 8까지의 숫자를 모두 사용하여 다음 식을 만들 때, 계산 결과가 가장 클 때의 값을 구해 보시오. **127**

02 다음 식에서 ♣, ●, ■이 나타내는 숫자의 합을 구해 보시오. (단, 같은 모양은 같은 숫자를, 다른 모양은 다른 숫자를 나타냅니다.) **16**

```
    ● ♣
    ● ♣
+   ● ♣
───────
  l ■ ●
```

03 ◆=4일 때, ★의 값을 구해 보시오. (단, 같은 모양은 같은 수를, 다른 모양은 다른 수를 나타냅니다.) **20**

04 주어진 주사위를 굴렸을 때 분홍색으로 칠한 면의 눈의 수를 구해 보시오. (단, 주사위의 마주 보는 두 면의 눈의 수의 합은 7입니다.) **5**

20

21

---

01 계산 결과를 가장 크게 하려면 빼지는 수와 더하는 수는 크게, 빼는 수는 가장 작게 만들어야 합니다.

3부터 8까지의 숫자로 만들 수 있는 가장 작은 두 자리 수는 34이므로 빼는 수는 34입니다.

5, 6, 7, 8의 숫자로 빼지는 수와 더하는 수를 크게 하여 식을 만들면 86－34＋75＝127

또는 85－34＋76＝127

또는 76－34＋85＝127

또는 75－34＋86＝127입니다.

02 십의 자리 계산이 ●＋●＋●＝l■ 이 되어야 하므로 ●은 7보다 작습니다.

♣＋♣＋♣의 계산 결과의 일의 자리 숫자가 ●이므로 ♣는 3, 6, 9가 될 수 없고, 모양마다 다른 숫자를 나타내므로 ♣은 5가 될 수 없습니다.

♣＝l일 때 ●＝3 ➡ 3l＋3l＋3l＝93 (×)

♣＝2일 때 ●＝6 ➡ 62＋62＋62＝186 (○)

➡ ■＝8

♣＝4일 때 ●＝2 ➡ 24＋24＋24＝72 (×)

♣＝7일 때 ●＝l ➡ l7＋l7＋l7＝5l (×)

♣＝8일 때 ●＝4 ➡ 48＋48＋48＝144 (×)

➡ ●과 ■이 4로 같으므로 안됩니다.

따라서 62＋62＋62＝186에서 ♣＝2, ●＝6, ■＝8이므로 ♣＋●＋■＝2＋6＋8＝16입니다.

03 ·◆＝4이므로 ◆＋◆＋◆＝●에서 ●＝4＋4＋4＝12입니다.

·◆＝4, ●＝12이므로 ◆＋●＝▲에서 ▲＝4＋12＝16입니다.

·◆＝4, ●＝12, ▲＝16이므로 ●＋♥－▲＝◆에서 12＋♥－16＝4, ♥＝8입니다.

·◆＝4, ▲＝16, ♥＝8이므로 ♥－◆＋▲＝★에서 ★＝8－4＋16＝20입니다.

04 주사위의 각 면의 눈의 수를 알아보고, 어떻게 굴렸는지 생각하여 색칠한 면의 눈의 수를 구합니다.

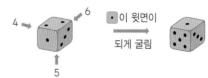

평가

총괄평가

05 다음 모양을 만들기 위해 필요한 ㉠, ㉡, ㉢ 블록은 각각 몇 개인지 구해 보시오.

㉠: **3개**, ㉡: **2개**, ㉢: **1개**

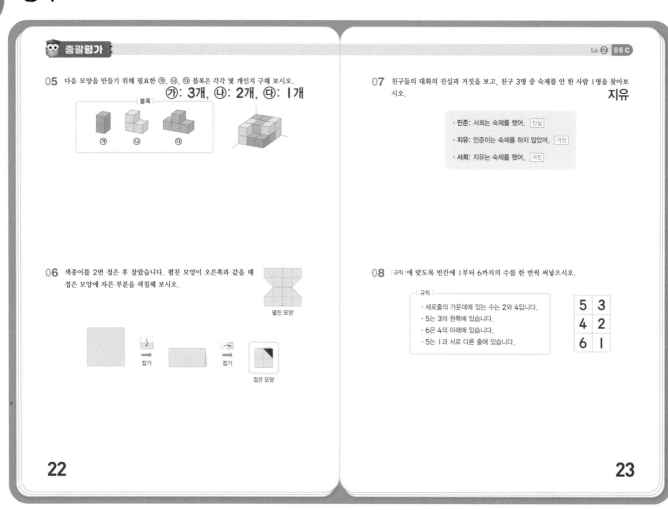

06 색종이를 2번 접은 후 잘랐습니다. 펼친 모양이 오른쪽과 같을 때 접은 모양에 자른 부분을 색칠해 보시오.

펼친 모양

접기   접기

접은 모양

07 친구들의 대화의 진실과 거짓을 보고, 친구 3명 중 숙제를 안 한 사람 1명을 찾아보시오.

지유

- 민준: 서희는 숙제를 했어. 진실
- 지유: 민준이는 숙제를 하지 않았어. 거짓
- 서희: 지유는 숙제를 했어. 거짓

08 규칙 에 맞도록 빈칸에 1부터 6까지의 수를 한 번씩 써넣으시오.

┌ 규칙 ┐
- 세로줄의 가운데에 있는 수는 2와 4입니다.
- 5는 3의 왼쪽에 있습니다.
- 6은 4의 아래에 있습니다.
- 5는 1과 서로 다른 줄에 있습니다.

5	3
4	2
6	1

22   23

---

05 왼쪽 모양에서 분홍색 블록이 없을 때의 모습을 생각해 봅니다.

 ➡

오른쪽 모양에서 ㉠ 3개, ㉢ 1개이므로 주어진 모양을 만들기 위해 필요한 블록은 ㉠ 3개, ㉡ 2개, ㉢ 1개입니다.

06 펼친 모양을 접어가며 잘린 부분을 색칠해 봅니다.

접기   접기

접은 모양

07
- 서희는 숙제를 했다는 말이 진실이므로 서희는 숙제를 했습니다.
- 민준이는 숙제를 하지 않았다는 말이 거짓이므로 민준이는 숙제를 했습니다.
- 지유는 숙제를 했다는 말이 거짓이므로 지유는 숙제를 하지 않았습니다.

08 세로줄의 가운데에 있는 수가 2와 4이므로

2	4

또는

4	2

입니다.

5는 3의 왼쪽에 있고 6은 4의 아래에 있으므로

5	3
2	4
	6

또는

5	3
4	2
6	

입니다.

5는 1과 서로 다른 줄에 있으므로 1을 빈칸에 써넣으면 다음과 같습니다.

5	3
4	2
6	1

TIP 서로 다른 줄에 있도록 수를 쓸 때, 가로줄과 세로줄을 모두 확인해야 합니다.

총괄평가

Lv. ❷ 응용 C

09 순서도에서 출력되는 S의 값을 구해 보시오. **7**

```
        시작
          ↓
   A ← 7, S ← 2
          ↓
     A ← A − 2
          ↓
     S ← S + A
          ↓
          S
          ↓
         끝
```

10 도윤, 예준, 이한이는 축구, 야구, 테니스 중에서 서로 다른 운동을 1가지씩 좋아합니다. 문장을 보고, 표를 이용하여 친구들이 좋아하는 운동을 알아보시오.

도윤: 야구, 예준: 축구, 이한: 테니스

· 도윤이는 축구를 좋아하는 사람과 영화를 보러 갑니다.
· 이한이가 좋아하는 운동 이름은 2글자가 아닙니다.

	축구	야구	테니스
도윤	✕	○	✕
예준	○	✕	✕
이한	✕	✕	○

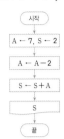

수고하셨습니다!

24

정답과 풀이 47쪽 ▶

09

```
        시작
          ↓
   A ← 7, S ← 2   ➡  A 7   S 2
          ↓
     A ← A − 2    ➡  A 5   S 2
          ↓
     S ← S + A    ➡  A 5   S 7
          ↓
          S       ➡ 출력: 7
          ↓
         끝
```

10 · 도윤이는 축구를 좋아하는 사람과 영화를 보러 가므로 도윤이는 축구를 좋아하지 않습니다.

	축구	야구	테니스
도윤	✕		✕
예준			✕
이한	✕	✕	○

· 이한이가 좋아하는 운동은 2글자가 아니므로 3글자인 테니스입니다.

따라서 예준이가 좋아하는 운동은 축구이고, 도윤이가 좋아하는 운동은 야구입니다.

	축구	야구	테니스
도윤	✕	○	✕
예준	○	✕	✕
이한	✕	✕	○

MEMO

MEMO

MEMO